U0366964

Planned And Designed
Industrial Parks

产业园区
规划设计

孙兆杰 孙广庆 赵 雄◎编著

化学工业出版社
·北京·

图书在版编目(CIP)数据

产业园区规划设计/孙兆杰,孙广庆,赵雄编著.
北京:化学工业出版社,2010.6(2021.10 重印)

ISBN 978-7-122-08492-7

Ⅰ.产… Ⅱ.①孙…②孙…③赵… Ⅲ.经济开发区-城市规划-建筑
设计-研究-中国 Ⅳ.TU984.2

中国版本图书馆CIP数据核字(2010)第081261号

责任编辑:徐华颖 伍大维
责任校对:宋 夏

装帧设计:锐扬图书 RIYO QQ407814337

出版发行:化学工业出版社(北京市东城区青年湖南街13号 邮政编码100011)
印 装:天津画中画印刷有限公司
889mm×1194mm 1/16 印张9½ 字数180千字 2021年10月北京第1版第2次印刷

购书咨询:010-64518888   售后服务:010-64518899
网 址:http://www.cip.com.cn
凡购买本书,如有缺损质量问题,本社销售中心负责调换。

定 价:120.00元

序

PREFACE

随着产业调整和城市的发展，建于20世纪50～60年代的工业企业正快速地退出传统城区进驻开发区，这为产业园区的发展提供了历史的机遇。如何规划好、设计好产业园区，既是城市管理决策者、园区建设者，也是规划师、建筑师共同面临的新课题、新任务。

北方设计研究院是一个有着半个多世纪历史的设计研究机构。它曾为我国兵器工业的发展做出了重大贡献，同时也是新中国工业建筑设计和建设的亲历者。北方设计研究院在产业园区建设上，承担了多项规划设计任务，积累了丰富的实践经验。

本书图文并茂地展现了北方设计研究院规划师、建筑师们在产业园区规划设计中的努力和思考。他们尊重优良传统，在产业园区规划及建筑设计中注重功能和效率。同时，他们对新的设计理念充满了热忱，并对保护环境、节约资源、人文关怀和审美取向等这些当代建筑界特别关注的议题，进行了有益的探索和实践。

评论家威廉·马林在评论贝聿铭同仁事务所在20世纪60～70年代完成的两个作品时说："建筑师必须了解他创作的最终形式与性格将取决于某些不完全可预测的力量及不可能完全知道的未来用途"，"但必须尽心竭力去选择他的表现要素，即便事过境迁，经历了岁月的熨抚和磨砺，那些要素仍能以一定的清新度被人觉察、使用和享受"。相信《产业园区规划设计》的出版，将有助于引导建筑界的同行们，在繁重的建筑创作实践中，努力去选择那些能长久"被人察觉、使用和享受"的表现要素，赋予产业园区建筑清新的风格和时代精神，不断地把产业园区的规划设计提升到新的水平。

宋庆华

2010年5月

前 言
PREFACE

北方设计研究院隶属于中国兵器工业集团公司，创建于 1952 年，是一个具有 EPC 工程总承包能力的国家综合性大型工程咨询设计单位，拥有国家甲级工程咨询、工程设计、工程监理资质、国家甲级工程总承包资质和直接对外经营权。作为中国兵器工业集团的成员单位，北方设计研究院承担着重任，在集团公司的发展过程中扮演着非常重要的角色，结合国家与集团发展的需要，已完成 20 余项各具特色的产业园区的规划设计。本书选择了有代表性的十五个项目供读者学习参考。

产业园规划设计是介于单体设计与规划设计之间，包含着单体设计和规划设计的、一个有特定需求的设计，是建筑设计与规划设计的充分融合。在做园区规划及建筑方案的设计时，提升设计的品质是考虑的首要因素，同时，还要注重生态环境、历史文脉、人们新的审美观念，以及人们对建筑环境质量和舒适度越来越高的要求。当然，在设计中还要注意也不能过分的去工业化，或过分的公用建筑化，导致建筑材料以及建筑空间的浪费。设计时应对企业文化，所处的地域特点，及产品的特性有充分深入的了解，注意工艺的需求，并在设计中予以体现。只有掌握好规划与建筑设计两个方面的侧重点，并将其灵活地加以融合使用，才能创造出环境良好、科技领先、人文和谐的兵器工业园区。

本书在编著过程中，参与项目设计的人员有邹毅、孙兆杰、孔祥胜、王振宗、闫晓玲、赵雄、雷义良、张亚平、谷岩、李齐、孙广庆、曹明振、袁东、曹胜昔、宋建新、唐永革、宋志永、赵献忠、黄学锋、魏志谦、赵惠卿、顾品风、王健、张育民、王瑶、李彦博、郜鹏、朱英斌、董艳欣、肖丹、赵延辉、韩林刚、韦晓玲、侯奕、王菁菁、肖雷、王治国、刘义强、黄林、仝彦华、闫万军、赵小龙、高明磊、赵欣、张晓萌、周玉凯、褚娟娟、杨新勇、张长涛、郝无卫、金铸、刘吟、孔永强、张玉昆、淮飞、杨丽娜、吴海涛、侯学毅、陈翀、杨斌、米行、张子辉、李莉、牛建松。

中国建筑学会宋春华理事长在百忙之中为本书作序，在此表示衷心感谢！

编著者

2010 年 5 月

目 录
CONTENTS

第 1 章

概　述

近年，在全国范围内，我们完成了 20 余项产业园区规划设计。作为中国兵器工业集团的设计研究院——北方设计研究院，面对国家需求，面向全集团发展，针对不同的产业要求，我们对建设地域、场地特点进行了深入细致的研究，完成了一个又一个规模不同，产品及生产工艺不同，并且各具特色的工业园区的设计工作。

一、背景

随着科学技术的发展，世界每天都在发生变化。人们的创造观和审美观也在不断发生变化，设计的手法也在随之改变。随着高科技成为世界的主导力量，人们原有的审美经验也在不断更新。然而，随着科技、经济大踏步地向前推进，先进的设计观念和手段的大量涌入，使人们来不及形成新的审美观；面对外来的冲击，在心理上和思想上均无法马上适应。在这种状态下，人们的审美观念难免要出现变化，对美的评价和标准也出现了千差万别，优劣难辨。但在当代大背景下，根据国防安全的需求，原有的研究及生产条件已很难适应和支撑现代化兵器产品的研究生产需求，为此，大批的项目启动。如何在新的时代背景下，满足这些需求，成为一个崭新的课题摆在了我们面前。

二、进程

集团公司通过重新打造产业链进行了产业重组，以迅速提高整体竞争实力。北方设计研究院作为成员单位承担着重任，在集团公司的发展过程中扮演着非常重要的角色。

北方设计研究院是在创建于 1952 年的第二机械工业部（以下简称"二机部"）二局第一研究所的基础上发展起来的。当时，为了适应我国"第一个五年计划"大规模兵器工业建设的需要，为配合苏联专家来华援建我国"156 个工业项目"中的 21 项兵器骨干企业的建设，二机部将所属的二局第一研究所和重工业部工程设计处合并，组建为二机部第七局，1963 年，成立第五机械工业部，随之改为第五设计院。1975 年 10 月，第五机械工业部调整所属工厂设计机构，将第五设计院一分为二，调整为第五设计院和第六设计院（北方设计研究院），从历史的延续来看，设计院一直是在为我国的兵器建设和发展提供设计技术上的服务。

发展的历史决定了设计院自身的定位，从建筑设计和规划（总图）

设计的自身出发，在这个特定的环境里培养了具有兵器工业建筑设计和规划设计专长的设计人员，为了国家安全、为了设计院自身的发展，一代又一代设计人员为兵器工业贡献了青春，甚至生命。

在建筑设计、规划领域中，工业建筑规划设计，特别是兵器工业的建筑规划设计，总是被放在一个角落里，被当作旁系来看待。即便在大学的专业课程里，工业建筑规划设计也从来没有被当作重要的课程。但这些并不妨碍随着国家的发展要求带来的大量工业园区的设计。我们同时也欣喜地看到近10年来，从我们的手中设计出一个又一个工业园区，并且大部分已建成，规模大到14平方公里的产业基地；小到四五百亩的产业园区，处处都记载着设计人员的努力和业绩。更让我们欣慰的是产业园区——这一设计领域中的新型发展板块也正在迅速成长。

三、产业园区定位

如何给产业园区定位，我们目前还无法给它一个确切的标准答案。总结我们大量的工作成果，可以这么认为，它既不是一个单体设计，也不是传统意义的规划，应该是介于单体设计与规划设计之间，是包含着单体设计和规划设计的、一个有特定需求的设计，是建筑设计与规划设计的充分融合。

1. 工艺流程及要求

我们在做任何一个设计时，首先要确定的是为什么而设计，设计的目的是什么？那么对于一个产业园的设计首先要满足的就是工艺研究及生产的需求，这是第一位的。作为一个设计人员首先要掌握的第一手资料，就是要了解研究生产的纲领和工艺流程，以及相应的附属生活设施的要求，这不同于一般的民用建筑设计。从选址开始，根据工程项目的特点及其要求，按照工程项目的性质、规模、特点及对场址的特殊需求，及运输条件的要求来确定场地；同时要确认场地与城市中心、铁路车站、港口码头、飞机场等相对位置及距离，以及城市道路、交通运输、城市服务功能状况、公用工程发展程度等条件；要确认当地的气象条件、工程地质和水文地质、资源条件、给排水、热能供应、供电及电信；要了解所在地的生活、文化设施的社会化情况，生态环境以及历史文脉。

生产技术及工艺方案主要从以下几个方面来确定：①产品及其制

造技术的来源（国内、国外）和可靠性；②深入了解工艺流程；③拟采用的新工艺、新技术、新设备情况；④确定主要工艺设备方案（主要仪器、设备及软件明细表）；⑤项目主要数据及技术经济指标（项目生产规模、产品方案、人员、主要设备、用地面积、总建筑面积、动力消耗量、投资估算等）。当我们熟悉了这些条件之后，就可以开始进行规划建筑方案的设计了。

2. 规划及建筑方案

园区规划及建筑方案的设计，既不是单一的规划设计，也不是单一的单体建筑设计，在满足了研究和工艺生产流程的基础上，如何来提升建筑设计、规划设计的品质是任务的首选目标。从建国初期的设计方针"适用、经济、在可能条件下注重美观"来看，经济放在了第一位，这在当时是必要的。随着时代的发展，中国的面貌发生了非常大的变化，经济实力也有了很大的提高，人们的创造观和审美观也在不断发生着变化。随着高科技成为主流，人们原有的审美经验随之失效；随着经济快步向前，审美观念在不断更新，人们已不再接受仅仅为了最低限度地满足生产而设计和建造的房屋，而对建筑的环境质量和舒适度要求越来越高。

另一方面，集团公司的产业整合为我们的设计工作带来了机遇，产业链的重新组合，使工业生产及产品的研发形成了更紧密的联系。新的产业园区随着各专业产业链重组的产生而诞生，这就是我们近10年来的工作重点。

3. 问题

产业园的规划和建设，应在整个过程中予以控制并注意：一是在设计中不能过分地去工业化，从而导致商业化或采用高昂的建筑装饰材料，或过分地公用建筑化，浪费建筑空间；二是对业主的需求要理性地分析、引导，而不是简单拒绝或照搬全收；三是要对业主有一个深入的了解，对其企业的文化，所处地域的特点，及产品的特性有充分的了解，并在设计中予以体现；四是设计中要掌握好规划设计与建筑设计两个方面的知识，并将其灵活地加以融合，不能单一着重于规划，也不能单一着重于建筑。

设计作品是一个有生命的东西，工业园区的设计应注意它的灵魂来自工艺的需求。设计师只要掌握了它，就能创造出一个会吟唱、有个性、洋溢着当代审美取向和人文关怀的工业园区。

第 **2** 章

西安兵器工业科技产业基地总体规划

西安兵器工业科技产业基地选址于西安市北部、西安市经济技术开发区泾渭工业园内。园区定位是以保护生态为前提，以装备制造业为主要功能，集生产、居住、商务于一体的生态型城市工业新区。

西安兵器工业科技产业基地占地 16.3 平方公里，工业园区的鸟瞰图及总平面图如图 2-1～图 2-3 所示。

一、规划背景分析

1. 自然环境条件

①区位　西安兵器工业科技产业基地与西安市区的位置关系 (图 2-4)：位于高陵县城西向，西临西铜高速公路、东邻西阎高速公路，距火车东站 25 公里、距市中心 28 公里、距西安咸阳国际机场 26 公里。

②规划范围　东临渭阳路、西临西铜高速公路、北至高永路、南临泾勤路。

③地形地貌　规划用地地处泾河、渭河、灞河三水交汇处冲积所形成的冲积平原区，用地内自西北向东南形成明显的黄土台塬。地

图 2-1　鸟瞰图 1

势西北高、东南低，地形高差约 10 米，塬上下用地较为平坦。

2. 用地现状

（1）用地构成

规划用地范围内现状主要为市政设施用地、道路、耕地、水渠、居住和村镇建设用地等。

（2）绿地

沿规划的泾环北路、泾高北路和拟将拓宽的泾渭路红线两侧，均设有 30 米宽绿化带，园区内没有建设街心公共绿地。规划用地范围内有部分成片的果林、苗圃及村镇建设防护的速生林地。

3. 外围环境分析

（1）区位环境

本次规划用地范围位于西安市经济技术开发区泾渭工业园区西北部。泾渭工业园规划人口 80 万人，规划用地 85.26 平方公里，将构建六大产业和一个服务体系，六个产业为现代军事产业、精细化工产

图 2-2 鸟瞰图 2

业、商用汽车产业、装备制造产业、通用专用设备产业、新型材料产业；一个服务体系为装备制造业综合服务体系。空间结构规划形成"一核、一带、两翼、三片区"的布局。"一核"指综合服务核心；"一带"指滨河景观带；"两翼"指居住配套、产业研发翼；"三片区"指产业集群片区、物流配送片区、火工防护片区。

（2）交通环境

泾渭工业园路网规划为"四横、四纵"结构体系，规划主干道红线宽度50～60米，次干道30～40米，支路20米。"四横"指高永路、泾环北路、泾高南路、陕汽路；"四纵"指泾渭路、桑军路、仁马路、西韩公路。

基地东临渭阳路、西临西铜高速公路、北至高永路、南临泾勤路、

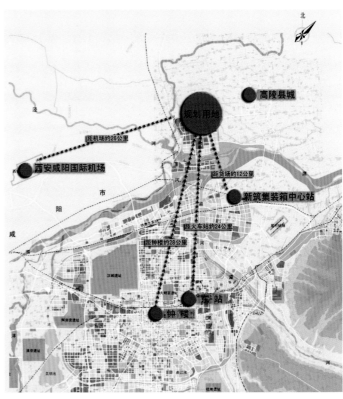

图 2-4 基地与西安市区的位置关系

图 2-3 总平面图

(a)　　　　　　　　　　　　　　(b)

图 2-5 场地现状

中部有泾渭路穿越。泾渭工业园规划的"四横、四纵"路网结构体系中，穿越基地的道路占了"两横一纵"，分别是高永路、泾环北路、泾渭路。

规划的西安市纵向轨道交通沿泾渭路、泾环北路穿越基地西南角。规划的泾渭工业园物流中心位于基地东北侧，有铁路专用线自新筑集装箱中心站引出。

（3）生态环境

规划用地内沟渠纵横，其中有沿秦代郑国渠遗迹修建的泾惠渠支渠自西北向东南穿越基地，大面积网格状的水渠、防护林地、果林以及农田，构成基地内特有的生态环境优势和场地文脉，同时记载着历史的信息。场地现状如图2-5所示。

二、产业基地发展战略

1.产业发展战略

（1）产业基地规划的核心

产业基地规划的核心——产业结构方案：发挥地域优势的主导产业和品牌优势，形成兵器工业民用产业为主、军民结合的产业集群。

①重点发展兵器高技术产品研发能力和产业能力（光机电新技术和新产品开发、光电信息集成、光电新材料、精密机械制造、各类环境试验和精密计量）。

②大比重发展民品工业产业，依托西安车辆装备制造产业扩展能力，发展车辆零部件加工制造、装备检测、新品研发和试验能力。在西安已形成的高新技术产业开发区、阎良航天科技园的基础上，形成兵器工业的产业科技园区。

③大力发展研发技术产业的孵化区，延伸产业链。

④依托兵工高新技术优势，重点发展化工、环保和石油机具的研发和规模化生产。

（2）协调发展兼容产业

为主导产业服务配套的物流仓储业，与主导产业相联系的循环经济产业，有利于提升主导产业及有科技含量的相关产业。

（3）与主导产业同步发展的产业——第三产业（城市服务业：商业、交通运输业、公共服务体系等）

2.产业规划框架

产业基地规划主体框架包括：两个功能区，六个特色园。两个功能区指主产业园区和特种装备区。六个特色园按照不同的产业定位进行划分，其中主产业园区分为四个特色园，即综合保障园、高新企业园、科技创新园、化工环保园。特种装备区分两个园。

三、规划设计总则

①前瞻性原则。总结国内外工业园区发展规律，探索现代创新型园区发展理念；站在兵器工业和西安产业协调发展的高度确定园区的发展方向。

②特性化原则。园区设计充分体现中国兵器工业的产业优势和特

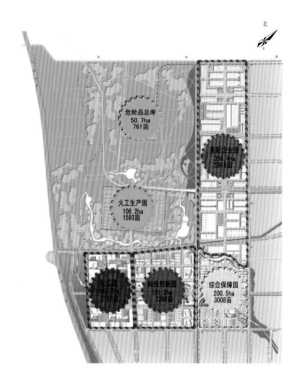

图2-6 产业结构规划

图2-7 空间系统规划

点，突出集团公司文化建设，挖掘地方历史文脉，形成特色鲜明、极具吸引力的园区形象。

③人性化原则。规划设计应充分满足园区内员工的生产、生活、休闲、服务、培训、交往等功能，实现园区人性化、综合化社区的建设目标。

④生态性原则。将生态化的设计理念贯穿于园区的生产、建设中，实现园区人与自然之间、各企业之间的协调和持续发展目标。充分尊重自然场地历史和生态要素，构筑生态型工业基地。

四、总体布局

1. 总体布局

（1）用地空间结构布局

基地规划形成"两轴、三带、一核心、六片区"的规划用地空间布局结构。

①"两轴"：南北轴——沿泾渭路直通市中心的景观主轴（兵器文化轴）；东西轴——沿泾环北路与泾渭工业园核心区衔接的景观主轴（发展轴）。

②"三带"：场地水渠穿越基地形成的两条生态景观带和防护绿地中的带状湿地。

③"一核心"：两轴交汇处的办公、金融及商业等公共服务核心区域。

④"六片区"：指按功能划分的综合保障园、科技创新园、高新企业园、化工环保园等。产业结构规划如图2-6所示，空间系统规划如图2-7所示。

（2）产业园布局

产业基地内六个产业园依据泾渭工业园产业布局、内外部交通运输条件、园区空间结构和场地条件进行布局。

①综合保障园：位于基地东南地块。规划内容有行政管理、金融服务、商务接待、文化展览、教育培训、居住、医疗及学校等配套

服务功能。综合保障园居中布局便于更好地向周边其他产业园区发挥服务功能。居住及配套设施结合绿化水系廊道布局，创造出生态型的居住社区。

在综合保障园的北部为综合用地，这是本次规划提出的一种增加规划弹性应变能力的用地控制方式，综合用地将来可安排对环境要求较高的技术研发、企业孵化及居住配套服务设施。综合用地的设置首先利用轨道交通对其两侧用地的辐射影响力，其次与纵横两轴作为基地和城市景观大道的构思相协调，并且适应未来发展的多种可能和市场需求。

②高新企业园：位于台塬之上，安排运输量大的企业。靠近泾渭工业园物流中心，便于物资运输。

采用集约化，多样性布置。道路将地块划分成大小不同的地块，企业可根据建设需求进行选择，并可灵活调整。相邻企业的管理生活设施相对集中，形成沿渭源北路的两个综合服务中心。厂区规划以一定规模的联合厂房为主，体现工业厂房的规模化、综合化特征。

物流通过东西两翼的泾渭路、渭阳路与外部衔接。人流沿渭源北路与居住区保持便捷畅通。

建筑体块彰显工业生产特点，齐整有序的沿街厂房，对外诠释着企业精神和发展活力，地块内灵活设置绿地，提升空间的环境品质。

③科技创新园：位于综合保障园西侧。规划满足科研办公、科研试制和试验功能。

景观引入：园区沿横轴展开，水系、绿化穿插其中。

树形生长：以东西向景观轴为主干，以南北向发展轴为支干，以各类科研生产模块为叶片弹性生长，各组建筑相对独立，富有弹性和发展空间，保证园区的创新和活力。

④化工环保园：位于基地西南角，处在城市主导下风向，以减少对基地的污染。工艺性强的复杂设施布置在内部。使化工环保园外部空间完整、内部空间有序。

（3）公共服务设施用地

①公共服务中心：在综合保障园内两轴交汇处设置，形成聚合力较强的区级公共服务中心。基地的行政办公、金融、商业、文化娱乐等公共服务设施用地均设于此区域内。

②公共服务设施带：沿居住和综合用地设置带状公共服务设施。主要安排与研发居住配套的展览营销、贸易咨询、服务接待、生活配套等相关设施。

③组团级综合服务中心：在主产业园西部和北部结合绿地及主要交通线路设置组团级综合服务中心，强化区域配套功能，布置倒班宿舍、食堂、超市等综合服务功能，满足在岗职工就近生活需求。

（4）仓储用地

集中的仓储物流用地，主要服务于高新企业园的物流需求。用地规划在高新企业园中部，便于对外交通运输。

（5）绿化用地

以防护林地作为基地的生态绿化背景，引入基地内现有的水环境资源，形成以农林种植、生态湿地、水系绿廊为主的开敞型生态绿地系统。保留规划用地范围内网状水渠，充分依托现有绿化资源，重新梳理片区内的绿化系统结构。结合主次干道两侧的绿化，布置多层次的基地绿地，改善区域环境质量。

2. 主产业园规划用地平衡表

主产业园规划用地平衡表如表2-1所示。

表2-1　主产业园规划用地平衡表

序号	用地代号	用地名称	用地面积／公顷	用地面积／亩	百分比／%
1	#	总用地	889.80	13347.0	100
2	R	居住用地	47.55	713.25	5.34
3	C	公共设施用地	25.65	384.75	2.88
	C1	行政办公	8.0	120	
	C2	商业金融	12.35	185.25	
	C3	文化娱乐	4.6	69	
	C5	医疗卫生	0.7	10.5	
4	MC	综合用地	53.80	807	6.05
5	M	工业用地	547	8205	61.47
6	W	仓储用地	20	300	2.25
7	U	市政公用	9.5	142.5	1.07
8	S	道路广场用地	110.2	1653	12.38
9	G	绿化水系	76.1	1141.5	8.56

五、道路系统规划

1. 道路系统规划

产业基地内道路系统依据泾渭工业园道路网进行补充规划。道路系统规划如图 2-8 所示。

基地内各级道路的骨架初步形成。本次规划重点在于补充支路并完善道路系统的形成，规划将基地内道路划分为三个等级：主干路、次干路、支路。

（1）主干路系统

主干路系统骨架可以概括为"一纵两横"。

一纵：泾渭路。两横：泾环北路、高永路。

基地外围的主干路有效地避免了过境交通穿越规划区，内部的主

干路与次干路共同形成完整的干路系统，为区内提供便利的交通条件。

主干路红线 50～60 米，道路断面采用三块板形式。

（2）次干道系统

次干路系统由三条东西向的道路和四条南北向道路组成，红线 30～40 米，道路横断面采用一块板形式。

（3）支路系统

设在重要主次干道两侧，以增加道路网密度，缓解主、次干道交通压力，支路道路红线宽度为 20 米。机非混行采用一块板断面。

2. 交通、物流

基地主次干道是办公、人行、货物运输的重要通道，生产物流运

图 2-8 道路系统规划

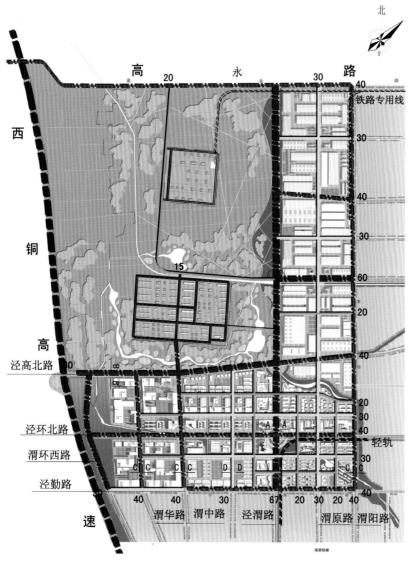

危险品物流主干线

危险品物流次干线

综合流线

外宾主干线

工业物流次干线

工业物流主干线

外宾主干线　外宾主干线　综合流线

北

图 2-9 物流交通规划

输主要是沿基地外部环路通行，局部呈枝状或环状深入到产业园区内部。在基地北部规划铁路专用线进入危险品总库和高新企业园的仓储用地。物流交通规划如图2-9所示。

六、绿化系统规划

1. 现状绿化概况

规划用地范围中建成区内现有绿地建设多结合道路断面设置，规划的泾环北路、泾高北路和拟拓宽的泾渭路两侧均设有30米宽的绿化带，规划的轨道交通转弯处设有公共绿地。此外，规划用地范围内现有若干块面积大小不等的果园、苗圃、以杨树为主的速生林地等。

2. 规划原则

①绿化建设应体现系统化原则，以点带线，以轴带面，与原有自然生态资源共同构筑清晰完整的绿化网络。注重生态，强调可持续发展，形成点、线、面相结合的多层次全方位的绿地系统。

②坚持规划的整体性原则，绿化设计应与外围生态环境建立有机联系，利用河道绿化及道路绿化将城区周边的绿色背景引入城市，连接城市绿地系统，构成大环境绿化网架，使绿化系统成为提高城市品质、改善片区形象、营造可持续发展绿色城市的重要途径。

③因借现有绿化资源，综合利用现有防护林地、道路绿地、高压线防护绿地，结合规划总体布局创造一个生态的、与人工建设系统有机融合的、协调发展的绿化环境。规划的公共绿地与道路、广场及各类生活服务设施充分结合，均匀分布，方便人们使用，同时改善城市生态环境。

3. 绿化系统规划

为了实现生态型工业园的目标，本规划通过绿化景观系统规划图建立、健全点线面相结合的基地绿地系统，重点加强与泾渭工业园绿化生态走廊的融入衔接，形成以农林种植、建筑组群间绿地斑块、滨水绿廊为主的开敞型生态绿地系统，确保基地生态环境能得到彻底改善，以提高员工和居民的生活工作质量，营建露水、透绿的生态环境。

规划形成由防护林地为生态绿化背景及城市内部绿化要素为一体的"一心、两横、一纵、多点"的点、线、面结合的绿地系统格局。

"一心"指综合保障园中心东南角的片状公共绿地。

"两横、一纵"指结合道路两侧绿带、高压线防护走廊形成的线状绿化。

"多点"指与各类生产、生活、服务设施充分结合，均匀分布于基地内，改善片区内部生态环境的点状绿化用地。

绿化系统规划如图 2-10 所示，生态绿化背景如图 2-11 所示。

图 2-11 生态绿化背景

图 2-10 绿化系统规划

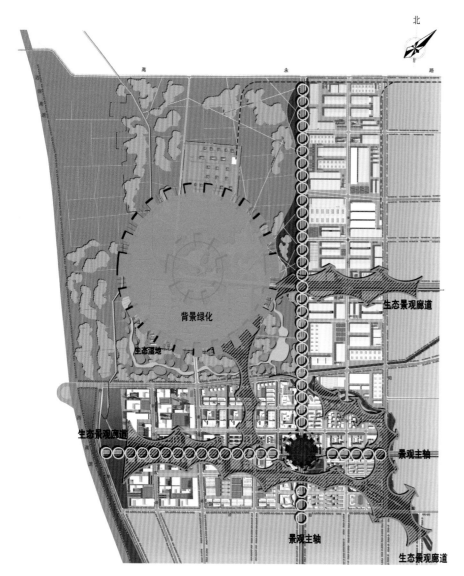

七、景观系统规划

1. 水系规划

规划用地内沟渠纵横，有沿秦代郑国渠遗迹修建的泾惠南二干渠穿越火工区，泾惠十支渠沿用地西侧向南向东穿越主产业园区，自支渠引出大面积网格状的水渠。周围的防护林地、果林以及方格农田，构成基地内特有的生态环境优势和场地文脉，同时记载着历史的信息。

现状用地内集中体现出"水渠、方田、长林"三个特色。借此，规划将形成网状的水系格局，叠加在规划的方格路网或地块内。网状的水系格局集中体现着如下景观规划构思。

①"水到渠成"的概念——水渠形成空间景观框架。

②"历史文脉"的体现——郑国渠遗迹，记载并延续着历史的信息。

③"场地文脉"的体现——对水渠、方田、长林的尊重和表达。

④"信息渠道"的体现——人与自然、人与人之间交流，传递，展示。隐喻西安兵器工业科技产业基地建设目标: 生态之城, 创新之源。

图 2-12 水系平面规划

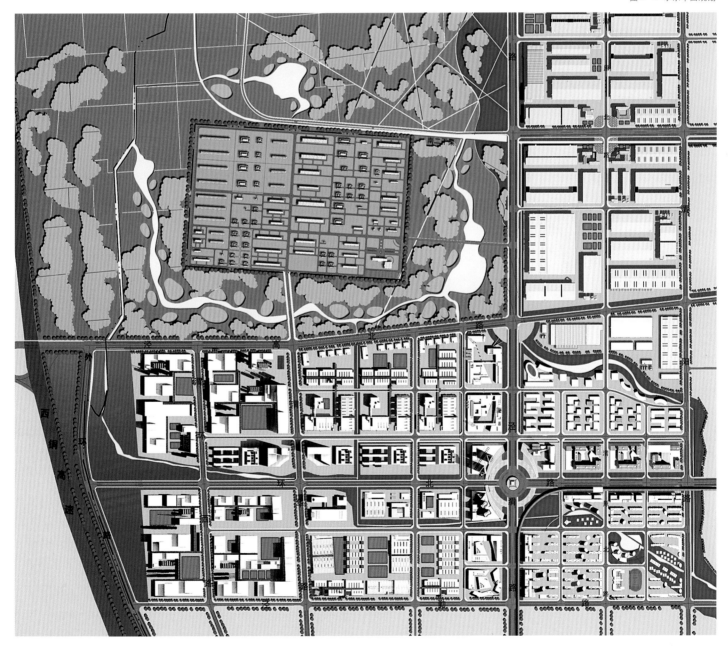

利用周边现有的水渠，形成网状水系穿越基地，给场地注入灵动和活力。在火工防护区外缘规划大小不一的气泡状湿地，可将雨水收集利用用来补充水源，使防护区外缘绿地可游、可观、可用。水系平面规划如图2-12所示，水系湿地景观意象如图2-13所示。

2. 景观轴

景观轴是城市观景活动的主要通道，它由通道及通道两侧和两端的建筑物、广场标志物、绿化及各类地面设施构成。人们沿景观走廊活动，可以欣赏城市丰富多彩、变化万千的景象。

共规划景观轴两条。分别结合泾渭路及泾环北路两条主干道及核心区向外围空间延伸。景观轴沿线建筑均为片区点睛建筑，结合基地入口、广场、绿化小品精心设计，共同构成富有文化特色的工业区景象。沿泾渭路南北向景观主轴，反映兵器产业文化的线性空间，自基地南入口广场向北延伸，经核心区中心广场，止于火工区防护绿地，承载兵器文化的元素由展览性建筑、广场标志物、绿化及各类地面设施构成。带状绿地水系为承载兵器文化的另一载体，沿泾环北路通往泾渭工业园核心区的产业发展轴。研发产业沿轴布局，蕴含着现代化工业园区科技发展、可持续发展的理念。

基地主入口轴向透视如图2-14所示，纵轴空间序列如图2-15所示，横轴空间序列如图2-16所示。

3. 重要景观设计地段

主要指代表基地景观特色的区域，此区域应庄重得体，环境优美，充分反映基地产业、文化特色。

泾渭路与泾勤路交汇处，泾渭路与高永路交汇处，渭华路与泾勤路交汇处，泾环北路与渭阳路交汇处，上述四处为重要景观设计地段，此区域应庄重得体，环境优美，空间形象与外部适度界定，充分反映基地入口形象和产业、文化特色。南向基地主入口形象如图2-17所示，西向基地主入口形象如图2-18所示。

4. 城市轮廓线

城市轮廓线是城市竖向空间高低关系的表现，由城市所在地域的自然轮廓线和建筑群体的轮廓线共同构成。沿纵横两轴和轨道交通，建筑群体轮廓线形成自中心向外围由高到低的空间形态。

沿横轴的天际轮廓如图2-19所示，沿纵轴的天际轮廓如图2-20所示。

局部透视如图2-21所示。

图 2-13 水系湿地景观意象

图 2-14 基地主入口轴向透视

图 2-16 横轴空间序列

图 2-15 纵轴空间序列

图 2-17 南向基地主入口形象

图2-18 西向基地主入口形象

图 2-19 沿横轴的天际轮廓

图 2-20 沿纵轴的天际轮廓

图 2-21 局部透视

第 3 章

西安兵器工业科技产业基地——光电科技产业园规划设计

图 3-1 鸟瞰图 1

一、项目概况

光电科技产业园位于西安兵器工业科技产业基地中部，用地北侧、东侧为城市主干道，西侧、南侧为城市次干道。场地呈梯形，东西长 1300 米，南北长 380 ~ 490 米。规划总用地 56.97 公顷（合854.5 亩），总建筑面积 314020 平方米。产业园的鸟瞰图及总平面图如图 3-1 ~ 图 3-3 所示。

二、规划指导思想

①高起点，园区规划与基地规划结合。
②历史与未来结合。
③兵器工业文化与地方文脉结合。

三、规划核心理念——光电之城

①以国际化视野打造高科技的光电企业。

②融入西安深厚的本地文化。
③形成兵器工业集团建设水平新的制高点。
④成为西安兵器产业基地的示范标杆。

四、规划结构

规划结构概括为"两轴、一带、两片、三团"。
①两轴：东西向的工业轴和南北向的社会轴。
工业轴：工业轴串联场地西入口、民品生产区、整车生产区、光电产品区，止于东部的综合科研办公区。长约千米，彰显兵器工业的实力与豪迈。
社会轴：南起工厂礼仪性主入口，通过广场、雕塑、绿化、主办公楼、庭院绿化、科研计量楼，止于北部人造山体；该轴通过精心设计的建筑群、环境、空间，充分向社会展示了自身的内涵、实力与目标，并能为本单位职工带来强大的荣誉感与自豪感。

图 3-3 总平面图

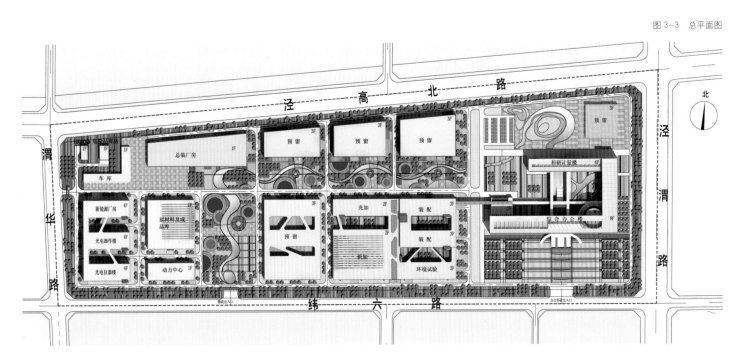

图 3-2 鸟瞰图 2

②一带：呈倒L形，分布在场地中部，以最优美的景观带让最大多数的人分享，并将工业建筑与民用建筑连成一个不可割裂的整体。

③两片：指东部的综合办公科研片区与西部的工业片区。

④三团：工业区布置根据工艺流程的合理化与集中化、厂房对环境的要求及影响、厂房群体形象的塑造，将相关类别的厂房分别集中布置，并以道路、绿带相隔，形成相对独立，互不干扰，又有一定联系的工业组团，包括北部的整车生产区组团、西部的民品生产区组团、东部的光电产品区组团。

产业园空间结构如图3-4所示，功能结构如图3-5所示。

五、绿化景观规划

1. 贯彻绿地景观生态网络的思想

场地绿化贯彻系统规划的方法，以建筑体系与生态（包含绿地系统）支持系统、交通系统综合交叉的近似网络结构的规划模式，使得人行系统与广场、休闲设施、建筑景观、绿化系统等交融在一起，赋予绿地空间景观多样性与功能的兼容性。入口广场绿化、引导绿化、中心生态主题绿化、人文景观、水景、建筑前后绿化、道路绿化、特色绿化等绿色植物系统交融连接在一起，使场地内外的绿地景观系统连接成网络即绿脉。

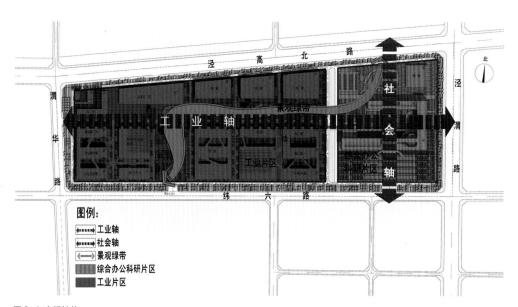

图3-4 空间结构

图3-5 功能结构

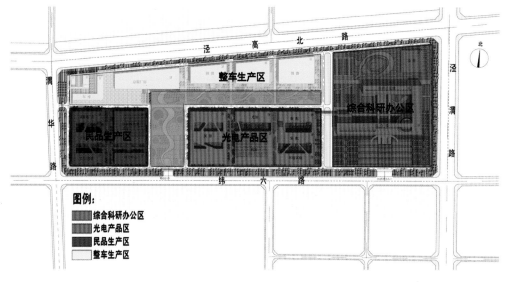

2.遵循人与自然和谐的原则

以人为本、注重生态、协调好人与自然的关系，使场地绿地景观生态系统与自然界的植物、动物、微生物及环境因子组成有机整体，体现环境多样性、景观多样性。其次要从非自然造景要素：如人文环境小品、建筑、灯光、道路等景观以及人类思维行为等诸方面来规划场地绿地生态系统，使绿地空间不仅有绿化的数量，还有绿化的质量和功能，以保证场地环境充满社会活力。

场地中部绿化景观带内部绿化多样，为了丰富景观层次，做了微地形，使得生态、视觉景观和大众行为三位一体。场地中部有一条蜿蜒的"龙"形水系；龙的隐喻贯穿了工业组团与综合科研办公区，一方面，利用中华民族的图腾文化为场地带来良好的祝福，另一方面也预示着西安北方光电有限公司今后的路程会越来越高远。

场地的绿化景观如图3-6所示。

六、空间系统规划

空间系统规划原则是多样性，根据不同性质的场所，通过建筑的围合塑造不同的空间感，使人产生不同的空间感受。第一个空间层次是位于礼仪入口的综合科研办公区前、后广场，以大尺度的广场空间设计手法烘托出符合礼仪性广场本身的性格特质，大到广场的水体景观，小到地面铺装的分割形式，无不遵循这一设计理念，从而获得了非常得体的空间环境印象。

第二个空间层次是东西向核心景观绿带，它的尺度介于第一个空间层次与第三个空间层次之间，属于一种过渡空间，他们共同的特征是指向性明确，对其他空间起着承前启后的作用，通过绿化、水体、地面铺装的分割与变化，强化了作为过渡性空间层次的特质。

第三个空间层次是位于过渡性空间的末端，也就是单体建筑物所属的或围合的小范围空间环境。

图3-6 绿化景观

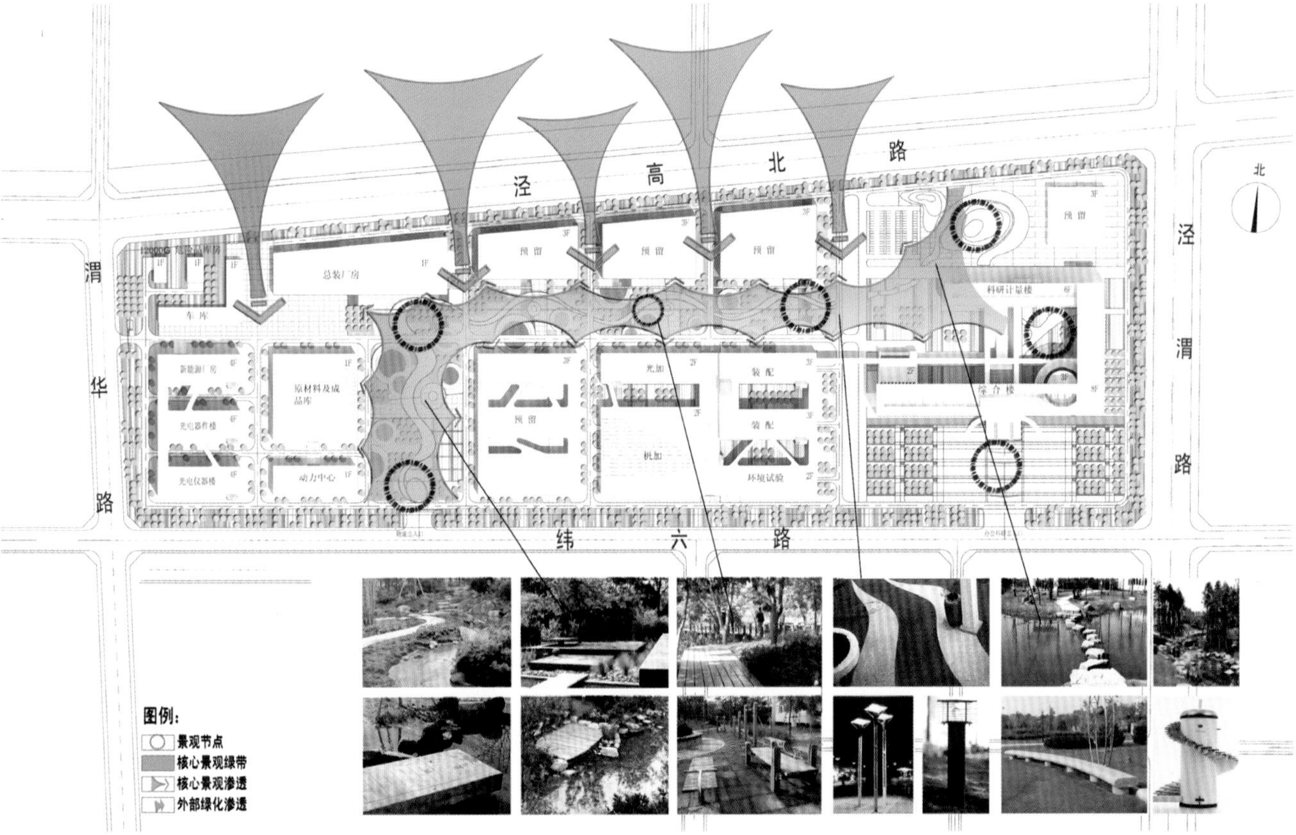

图例：
- 景观节点
- 核心景观绿带
- 核心景观渗透
- 外部绿化渗透

这三个空间层次特征不同，所属类型不同，所以采取了不同的设计手法与策略，针对不同的空间类型采用了恰当的设计语言，从而达到了建筑单体与外部环境、建筑群体与基地外部空间的有机联系，丰富了使用者的心理感受。

七、交通系统规划

出入口：基地内共设置了三个外部出入口，分别沿南侧、西侧城市干道布置在相应的片区，西侧、西南侧为物流出入口；东南侧为礼仪性出入口。

厂内道路的布置原则：满足生产、运输、安装、检修、消防及环境卫生的要求；划分功能分区，并与区内主要建筑物轴线平行或垂直，宜呈环形布置。

场地内道路分为两个等级：主干道为9米，呈东西向，具有交通、景观、礼仪、分区等多种功能。次干道为7米，沿各厂房、建筑群周围布置成环形路，满足功能需要。另外，综合科研办公区内的交通系统采用人车分流，车行系统布置在建筑外围，步行系统通过广场、步行道、连廊组成有机的整体。

集中停车场规划为两处：在北部整车生产区厂房南侧规划一处为产品需要的大型停车场；在综合科研办公区西北处规划一处停车场，分为地上与地下两部分，满足日常内部职工与外来客流的停车需要。

场地的交通流线如图3-7所示。

综合楼透视如图3-8所示，联合工房透视如图3-9所示，综合楼庭院透视如图3-10所示，室内空间如图3-11所示。

图 3-8 综合楼透视

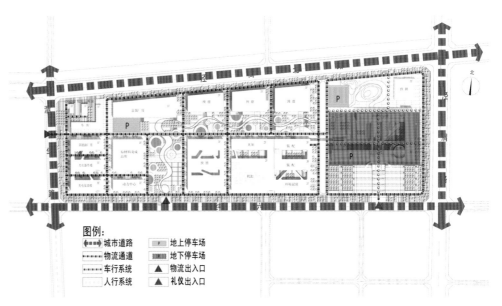

图例:
⬌ 城市道路　Ⓟ 地上停车场
物流通道　地下停车场
车行系统　▲ 物流出入口
人行系统　▲ 礼仪出入口

图 3-7 交通流线

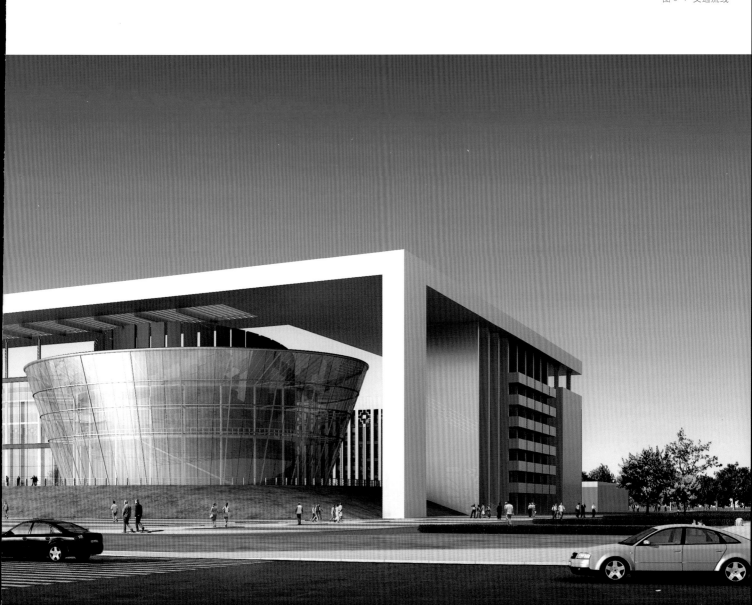

图 3-9 联合工房透视

图 3-10 综合楼庭院透视

41

图 3-11 室内空间

第**4**章

昆明光电子产业基地规划设计

图 4-1 鸟瞰图 1

一、建设条件

昆明光电子产业基地位于昆明经济技术开发区内，西北接开发区 25 米宽的小干河路，西南侧临 11 米宽的规划道路。用地西南现状为村庄，东南角临昆玉高速公路，场地地势平坦。规划用地 17.4 公顷（261 亩），其中一期规划用地 8.04 公顷（120.6 亩）。基地鸟瞰图及总平面图如图 4-1～图 4-3 所示。

二、项目定位

昆明电子产业基地是为了贯彻国防科工委加快国防科研院所体

制改革，将兵器红外产业做强做大，加快兵器红外高新技术发展而成立的新型科技型企业，是昆明经济技术开发区内光电子产业的核心和龙头企业，是集科研、生产于一体的现代化高新企业。

三、规划设计理念

1. 构建开放的空间体系和集中的建筑布局

方案以线性的空间布局，如生产区沿发展轴的排列、带状的绿化、沿城市道路的景观带等形成基地开放、动态的空间体系。生产区内相对集中的布局方式，既符合"大而全"的生产目标，也为实现资源共享

建筑设计使工艺布置更加灵活、产品的更新换代更加方便，从而使基地始终处在动态的、充满活力的、持续的发展状态中。

4. 营造适于交流的场所设计、人性化的空间

当今的数字化时代，信息共享达到了前所未有的高度，方案中努力创造一个鼓励人与人之间、人与自然之间、基地同城市之间相互交流的空间，并将对人性化的设计始终贯穿在每个空间中，使基地真正成为具有吸引力的可供交流的场所。

图 4-3 总平面图

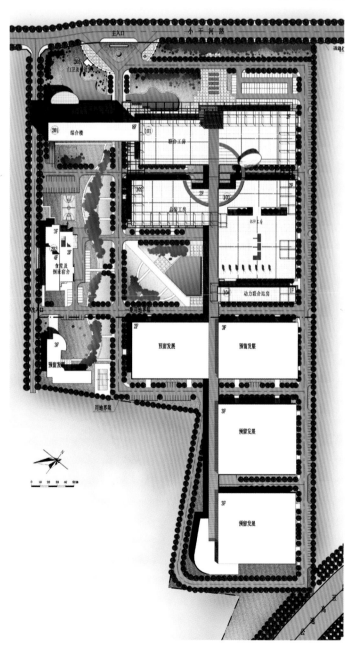

（动力、超净工房）和集中处理提供了保障。

2. 塑造优美的生态环境和良好的城市景观

营造良好的自然生态环境，并注重建筑群体与环境的融合。一方面是光电产业生产的要求，另一方面也是现代高新企业展现自身形象、塑造标志性景观的需要。

3. 实现分期建设的步骤和持续发展的目标

线性的空间布局使基地能够在统一的框架下自由生长，弹性化的

图 4-2 鸟瞰图 2

四、规划结构

按照总体规划、分期实施、持续发展的目标，将一、二期用地整体设计，形成了"一轴"、"一带"、"两环"的空间结构。

"一轴"指贯穿用地的南北向发展轴，是将各主要生产工房串接起来的连廊。规划中赋予其丰富的内涵。

①高效的信息通道加强了生产区内各工房间的人流、物流、能量流（管线）和信息流（交往）的联系。

②展现现代光电技术的参观廊道。

③衔接一、二期工程，实现可持续发展的空间骨架。

④体现人文关怀的休憩、交流场所。

"一带"是指位于生产区同科研管理区之间的带状绿化，既合理划分了基地功能分区，也是厂区的呈"线性"空间模式的开放空间和供休息、交流的生态环境的主体。

"两环"即环绕生产区的大交通环路以及在一期用地内的小环路，是主要的人流、车流和物流的通道。

五、规划布局

1. 一期用地选择

从用地的周边条件分析，其西北侧的小干河路将成为联系基地同开发区及城市的主要通道，西南侧的规划道路将起辅助的交通功能。

因此将一期建设项目布置在场地的西北部，即临近小干河路的区域内，既确保了一期项目建成后，工厂同城市较便捷的联系，又以突出的建筑形象塑造出较好的城市景观，同时也形成了整个厂区整体发展的框架。

2. 功能分区

考虑到用地的不规则形状以及产业基地一、二期衔接的需要，将主要的生产区布置在用地的东侧，即用地相对规整、规模较大的区域，这样便于生产区的延伸和布局；将基地内的科研管理区布置在场地的西侧，并与生产区的连廊相连，加强了相互的联系；两个功能区之间以绿化带作为隔离和过渡，绿化带也是基地内的休闲和生态区。

3. 生产区布局

按照集中布局、资源共享的原则，将主要的生产厂房以南北向连廊衔接成整体的联合厂房；将动力联合站房规划在联合厂房的最南端，既靠近主要服务的部件工房，同时也将成为基地的动力中心。

六、道路系统规划

①出入口设置：按照场地周边的交通条件，将基地的主要出入口

设在北侧，与小干河路相连，而在西侧的规划支路上规划了次要出入口。二期的道路系统与一期连通后，共用出入口。

②车行系统规划：将基地的车行道路设计成环状，在此基础上，一期用地的南侧增加了东西向的连接，形成一期完整的道路运输体系。生产区内各工房间还规划了供运输的支路，以满足物流的需求。

③停车场设计：在科研管理区内集中设置了地面机动车的停车场地，靠近对外联系较频繁的综合楼及倒班宿舍附近，以满足就近停放的要求。

④步行系统规则：为了增加员工休闲、交流的场所，营造安全、舒适、优美的环境，在科研管理区内结合人工水系和绿化规划了步行道；生产区内南北向的连廊同样是员工休憩和步行的主要通道。

七、绿化系统规划及景观设计

1. 绿化系统规划

规划中采用了带状绿化的布置方式，将有限的绿地集中设计成贯穿南北的绿化带，以蜿蜒曲折的水面为主体，利用昆明优越的气候条件，形成疏林草地景观，既是基地内良好的自然生态环境，也为超净工房提供了良好的生产条件。带状绿地也是员工工作之余休憩和交往的主要场所。

在一、二期生产区的衔接处还规划了中心花园，在高密度的生产区中保留了一处可活动的区域。

2. 景观设计

将综合楼同联合工房以整体的建筑群体形象展现在城市面前，建筑与城市道路间大片的绿地和水面更加衬托出基地集中、开放的布局和现代高技派的建筑形象。绿化带的设计使建筑掩映在树木的郁郁葱葱之中，充分体现了光电生产业优美的环境特色。

八、可持续发展与分期建设

将基地作为一个整体进行规划设计，以发展轴将一、二期的生产区衔接成有机的整体，不仅易形成完整的空间布局，同时也符合基地产业拓展和科研开发的需求，从而使基地将沿发展轴自北至南有机地成长。

在一期的联合工房设计中，各部分工房既以连廊连成整体，同时又相对独立，以满足分期建设的需求，使生产和建设有序地开展。

基地综合楼效果图如图4-4所示，红外热像仪联合厂房效果图如图4-5所示，基地实景图如图4-6～图4-8所示。

图 4-4 基地综合楼效果图

图 4-5 红外热像仪联合厂房效果图

图 4-6 实景 1

图 4-7 实景 2

图 4-8 实景 3

第**5**章

南京兵器工业信息化产业基地规划设计

图 5-1 鸟瞰图

南京，六朝古都，当今在中国具有较高经济水平和综合优势的长江三角洲经济圈的带动下，正以日新月异的速度向前发展。

中国兵器工业集团公司为实现我军武器装备跨越式发展，紧紧抓住信息化这个军事变革的核心和本质，拟以江苏曙光光电有限责任公司整体搬迁为平台，组建兵器工业信息化产业基地。

基地位于南京江宁开发区内，北距市中心7公里，南距禄口国际机场7.5公里。基地用地面积452亩。基地鸟瞰图及总平面图如图5-1、图5-2所示。

一、设计理念

①将基地建设成网络化、智能型、高效率的现代化科技园区，充分满足当前及未来光电、信息产品的生产工艺流程和企业管理模式。

②规划设计以简洁、典雅的布局，富有江南园林韵味的环境设计，充分体现了南京的地域文化和本土特色。

③以线性的绿化带和水面加强了基地同城市环境间的联系与融合，形成了对外开放的空间系统，充分展示了园区的建筑形象。

④注重人性化的空间设计，充分利用整合水系、绿地的自然元素，营造适于工作、生活、休憩和交往的环境。

⑤注重工房的标准化、模数化设计，加强一、二期规划建设的高效衔接，实现园区分期建设和可持续发展的目标。

二、总体规划

1. 空间构图

由于基地的形状呈不规则的梯形，在平面布局中首先设计了两块分别与东西地界平行的矩形，两者相对布置，自然形成向南的梯形开敞空间；之后再以一个垂直于南侧道路的矩形插入到梯形的宽边中，既与东、西两个地块共同围合现有水塘，形成基地的核心空间，同时相互间又空出了西侧蜿蜒曲折的水面和东侧楔形的绿地，使之成为联

图5-2 总平面图

系基地同城市环境之间的生态廊道，从而勾勒出场地形状的特征，展现出现代科技园区简洁、清晰、开放的空间意象。这样的空间构成，在充分满足了前述设计理念的复杂要求的同时，对场地的特征做了积极的响应，追求一种"大道至简"的设计思想。

2. 功能分区

在基地东侧的矩形地块内布置了主要的甲类生产区；西侧地块及靠近北入口的用地内则规划为乙类生产区；面向南侧主入口的地块作为基地的办公科研区；三个功能区围绕人工湖布置，既相对独立，又联系紧密，形成有机的生产、科研和管理区。西南侧地块则安排了主要的生活服务设施。

3. 平面布局

①甲类生产区采用了集中式的布置方式，由北向南依次规划了综合仓库及机加工房，二期的由光学零件加工工房、单兵信息系统装配工房及电子元器件制造工房组成的联合工房，一期的光学零件加工工房、光学及电子产品装配工房、联调中心和环境实验工房。

由于北侧入口将作为基地的物流通道，因此在甲类生产区内各工房的布置可满足由原材料—机械及光学加工—产品装配—产品实验和调试的工艺生产流程。

方案中将生产关联性强及生产环境要求相对一致的光学和电子元器件的零件和装配工房组成联合工房，并将主要的生产办公、管理和生活等辅助设施集中布置在联合工房的西侧，形成线性空间，加强了各工房间人员、信息、管线的联系，为实现基地网络化、信息化奠定了基础。

通过一个东西向的过街廊将景观通廊向水面延伸，并于临水处规划了供职工就餐的食堂，由于位于基地的中部，可方便甲、乙类生产区工人的就近使用。

将变电站、空压站、水冷机房、氮气站、废水处理站等集中布置在动力站房内，规划在一、二期生产工房之间，既满足了一期生产要求，又兼顾了二期的发展需要。

②乙类生产区同样采用了集中式的建筑布局，共规划了六栋通用多层标准厂房。东侧用生活辅助连廊连成一体，并朝向中心水面布置，符合光电产业生产和管理的需求。

③办公科研区内的科研中心位于南侧主入口的西侧，行政办公楼则面向主入口布置，二者之间共同围合成入口广场。行政办公楼的北侧两翼分别安排了理化计量工房和报告厅，通过平台和连廊共同组成

面向水面的建筑群。

④在用地的西南角，结合原有的河道灵活布置了商务中心、员工倒班宿舍和管理中心等建筑。

三、道路系统规划及交通组织

1. 出入口设置

基地内共设有南北两个出入口。其中，南侧作为主出入口，是园区内主要的对外礼仪性空间和来访客人参观出入口；北侧则沿城市主干道——东周路布置在甲类和乙类生产区的中间位置，是基地内主要的人流和物流出入口。

2. 车行道路系统规划

基地内的车行道路布置成两个环线，其中沿两个生产区和办公楼外围规划了环形主干道，并分别与南、北出入口相连；在人工湖的东侧设计了南北向的干道，成为甲类生产区内兼具运输和步行、观景等功能的小环线。

在机加工房，二期光电联合工房，一期光学零件加工、光学及电子产品装配工房之间还规划了车行次干道，满足了生产区内的运输要求。

3. 停车场设计

基地内共规划了200个机动车停车位，其中少量的地面停车场分别沿主干道布置在科研、生产和生活服务区附近，而大部分机动车将利用行政办公楼群的一层架空空间予以停放。

四、绿化系统规划及景观设计

1. 开放的绿化系统

当今的数字化时代，信息共享程度越来越高，世界变得越来越开放。我们努力创造了一个鼓励人与人交流、人与自然交流、基地同城市交流的充满渗透和融合的流动空间。

在绿化系统规划中，首先将原有水塘改造成为核心绿地空间，并将其向南延伸，分别与上游河的新旧河道相连，成为城市水系统的有机组成部分；科研办公区与甲类生产区之间的楔形绿地贯穿基地南北，以其强烈的线性空间特征，将基地内优美的自然景观引入到城市环境中，体现出现代科技园区开放的空间特色。

2. 具有地域文化特征的环境设计

结合现有池塘开挖河道，将水面作为贯穿整个基地的景观脉

络，形成了突出水文化的环境主题。临水而建的平台、湖面东西两侧的观景廊道、小桥、山丘、疏林草地共同塑造出传统与现代、开阔与幽静相结合的现代园林环境，再现南京融汇南北的地域文化特征。

3. 入口序列空间设计

南侧主入口布置成纵向的广场，以水平舒展的行政办公楼作为对景，西侧的科研中心则以高耸的建筑形象与之形成对比。沿广场向北，通过台阶可直达办公楼的二层门厅，透过玻璃幕墙，大面积的水面和绿地映入眼帘；穿过门厅，进入到由理化计量室和报告厅围合成的院落，再沿着层层跌落的平台直抵湖面，视觉豁然开朗，成组的生产工房或掩映在郁郁葱葱的绿化中，或倒映在静静的湖面上，一派理性与浪漫交织的景象。

4. 沿街城市景观设计

将甲类生产区沿将军路一侧布置，以三组建筑群形成沿街景观的节奏与韵律，以统一的建筑风格强化了整体形象。沿东周路以大体量的机加工房与乙类生产区内的工房形成连续的界面，二者之间以廊架相连，营造出北侧"门"的空间意象。

五、分期实施与持续发展

甲类生产区内按照工艺和生产流程将一期建设的光学零件加工工房与光学及电子产品装配工房设计成一组建筑群，与其南侧的联调中心形成相对集中的光电产品的生产区域，将其布置在用地的东南角，与科研中心、行政办公楼形成一期较为完整的园区入口形象。

此外一期还将在北侧建设两栋乙类生产工房以及综合库和机加工房，围合了北入口的空间，并将人工湖、大面积绿化直接面向城市开放，突出了基地的环境特色。

二期将按照总体空间布局完善甲类生产区，乙类生产区则根据产品需求向南逐步建设，其标准化、模数化、通用性的建筑设计也可充分满足光电产品升级、换代的需求，从而实现基地的持续发展。

基地实施方案如图5-3所示。

六、结束语

在深入探寻现代高科技产业园区工艺流程和管理模式的基础上，

规划中充分尊重场地的地域特征和自然生态，力图构建一个有机生长和可持续发展的空间模式。在建筑单体设计中，努力提高建筑的技术含量，通过结构本身和新材料、新工艺来加强建筑形式的表现力。力争为古城新区建设一个简洁明快、个性鲜明的信息化产业基地。基地实景如图5-4、图5-5所示。

图 5-4 实景 1

图 5-3 实施方案

图 5-5 实景 2

第6章

中国兵器北京光电信息技术产业园规划设计

图 6-1 鸟瞰图

一、概况

中国兵器北京光电信息技术产业园项目位于北京亦庄经济技术开发区京津塘高速公路路东新区，用地约134亩。四周均有开发区内道路通过，南侧为凉水河。开发区规划管理委员会对工程的规划设计、建筑效果、室外环境及与开发区整体环境的协调和融合都有很高的要求。产业园鸟瞰图及总平面图如图6-1、图6-2所示。

二、设计理念

我们在合理布置建筑物、统一规划、满足功能使用要求的前提下，将民用规划设计工程中，与环境及人文特色创新上的理念，引入到本工程的设计中，建设环境优美、与城市和谐的高科技企业，体现现代化企业的文化特色。

首先，创造绿色、生态、和谐的现代化厂区，借用开发区城市绿化带景观，与厂区内绿化空间相互渗透，形成完整统一的绿化空间和景观空间。内部强调工业建筑的物流、模块特性，集约化的建筑布局方式省出大片的集中绿地，利于绿色生态环境的营造。

强化园区内不同功能区的空间特性，科研办公建筑置于大片绿地之中，与厂房区间以绿地隔离，提供安静、幽雅的科研办公环境和高品质的主入口空间景观。

其次，强调人文精神在项目中的提升，利用设计手段把对人的关怀展现出来。在园区内部设计了穿越所有功能建筑的风雨廊道，既满足了厂房间需要的隐蔽性物流交通，又能对人的穿行提供遮风避雨的室外环境；并做到人车分流、人物分流，让厂区内部的交通流线清晰而互不干扰，同时大廊道将园区建筑统一整合，形成完整简洁的沿街立面效果。

产业园科研办公楼透视如图6-3、图6-4所示，局部透视如图6-5、图6-6所示，实景照片如图6-7所示。

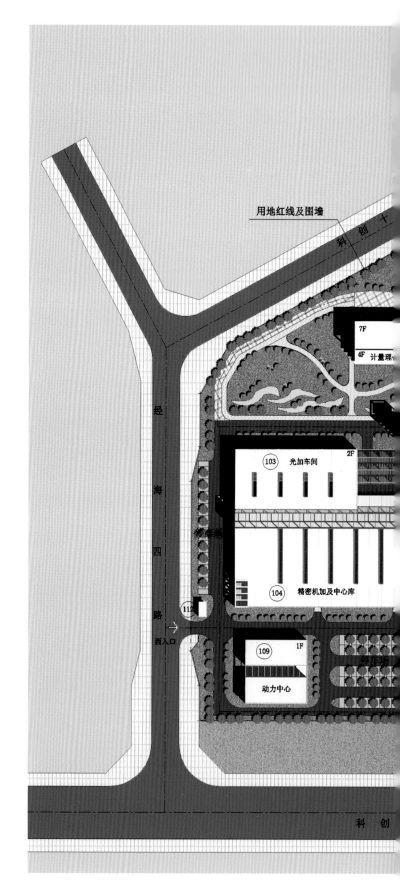

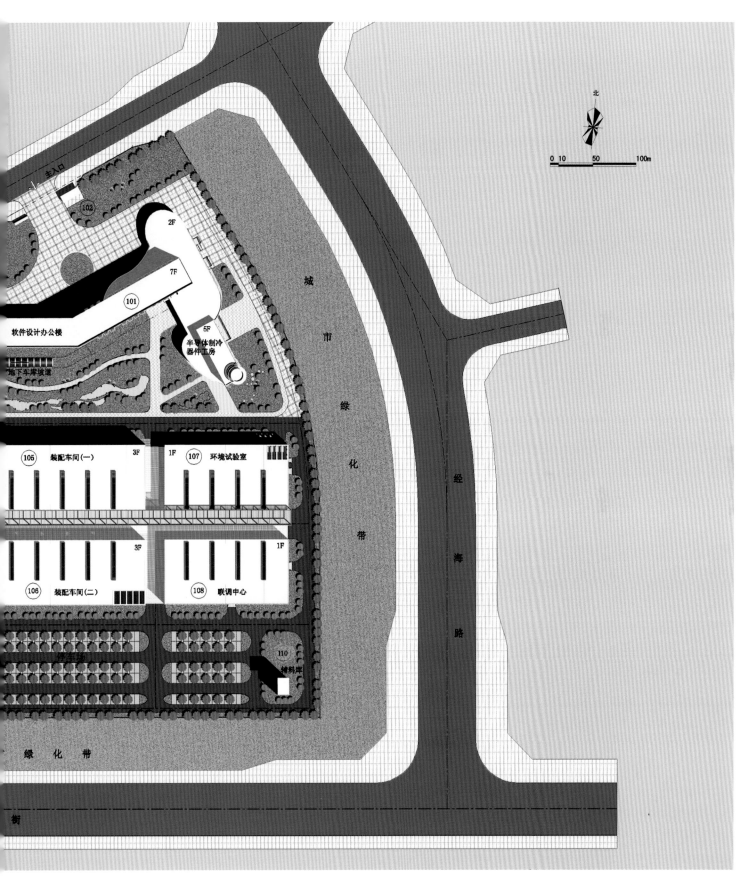

主入口

102

2F

7F

101

软件设计办公楼

地下车库坡道

半导体制冷
器件工房

5F

城

市

绿

化

带

经

海

路

105 装配车间(一) 3F   1F 107 环境试验室

3F   1F

106 装配车间(二)   108 联调中心

停车场

110
辅料库

绿 化 带

衔

北

0 10   50   100m

图 6-2 总平面图

69

图 6-3 科研办公楼透视 1

图 6-4 科研办公楼透视 2

北京光电信息技术产业园

图 6-5 局部透视 1

图 6-6 局部透视 2

图 6-7 实景

第 *7* 章

吉林长春东光高新区出口基地规划设计

图 7-1 鸟瞰图

一、用地现状

项目建设用地位于长春高新技术产业开发区内,距老厂区9公里。用地呈矩形,南北长617米,东西宽486米,总用地30公顷。东侧超然街、西侧超群街红线宽30米,南侧乙四路红线宽40米,三条道路均为开发区内主要道路;北侧紧邻另一企业用地,场地交通便捷顺畅,平整开阔。基地鸟瞰图及总平面图如图7-1、图7-2所示。

二、设计理念

吉林长春东光高新区出口基地总体规划设计中,规划了"两个中心一个基地",塑造了现代化、高科技的国际化企业形象。强化集团公司办公研发建筑的核心地位,加强整体感、增强凝聚力。体现"军品立厂,民品兴业"的设计理念。集约化布局为企业发展留有余地。

统一的规划使各功能区相对独立又统一协调。

绿化景观设计着重考虑环境的整体性,利用纵向联系A、B两区的绿化带,使办公研发区绿化环境和传动系统办公区绿化环境构成整体,形成视觉丰富、连续的集中绿地,并与城市绿化相融合。绿化环境大气而简约。

规划设计方案与城市发展和城市结构紧密结合,成为城市街区的有机体;场区内采用大型集约化布局,结合生产工艺,合理确定地块尺度,充分利用城市结构提供的"金角银边地带",采用由外及内结合网络式布局的弹性发展思路,为企业建设科技研发、集约化生产、系统化供货、国际化经营、信息化管理的新型企业提供硬件支持。

基地实景如图7-3所示。

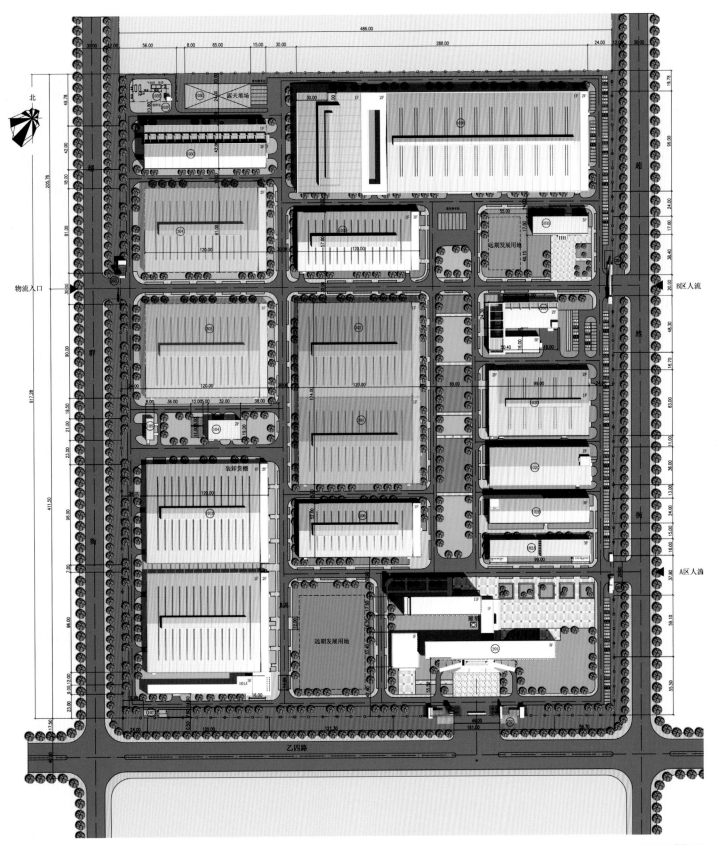

图 7-2 总平面图

图 7-3 实景

第 *8* 章

河南中光学集团光学引擎生产基地规划设计

一、现状分析

本项目用地位于河南省南阳市西北部高新区三号工业园区内。南侧312国道现为过境交通干线，系主要物流运输及工业园区核心线路，东侧岗王庄路，北侧梨园路，西侧电厂北路，为三号工业园区内主要道路，交通方便。场地西北高、东南低，自然高差15米，其中东南方较为平坦开阔，西北方为一片小高地，两者之间为15%左右的坡地。

项目总征地约24.05公顷，规划用地约20.68公顷。规划总建筑面积108700平方米。基地鸟瞰图及总平面图如图8-1～图8-3所示。

二、规划构思

1. 创造工厂与外部、生产厂房之间、人与建筑之间的和谐

312国道由场地南侧经过，是南阳市的形象窗口。用地南侧为高新区三号工业园区综合服务中心，该区域应是三号工业园区的核心位置、景观中心。因此规划中通过创造新颖简洁的建筑形式，形成统一和谐的整体景观，塑造出现代工业园区的形象。

2. 适应和利用自然条件

设计中充分利用自然条件，变地形高差过大的不利因素为有利因素，将体型较大的工业工房布置在东南侧的平坦用地上；办公研发建筑体量相对较小，形体活泼，可以布置在西北侧的小片坡地上，随形就势，既创造了良好的办公区环境，又丰富了厂区的景观。办公人员在办公楼内，或站在坡顶边缘，即可俯视全厂区，厂内的一举一动尽在眼底。

3. 保证生产所需优良环境

本项目对环境洁净度有一定的要求，超净工房与312国道保持了相应的退距，同时生产区各工房与其他三侧道路也留出了一定的空间作为隔离，减少了扬尘和振动等对生产的影响。

4. 统一规划、分期建设，保证各期建设的整体性和良好的形象

通过规划使厂区一、二期即可形成完整的厂区形象与良好的环境景观，三期修建时不会对现有厂区产生影响，此外还预留了远期发展的空间。

基地科研办公楼透视如图8-4所示。

图8-1 鸟瞰图1

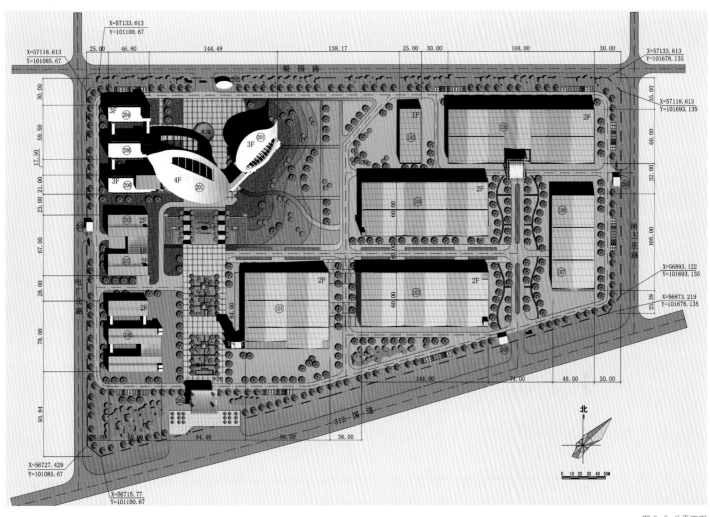

图 8-3 总平面图

图 8-2 鸟瞰图 2

图 8-4 科研办公楼透视

第9章

一、设计指导思想

①合理布局，突出重点：依据兵器装备研究所的总体目标及发展方向和重点，对科研基地进行总体定位，按功能和管理的需要，合理布局，重点突出通用及基础性科研试验和展示演示特色。

②发挥利用好土地资源和集团公司科研资源，统筹规划，考虑长远发展和可持续发展，不搞重复建设。

③利用靶场和展示演示设施，在保证安全的前提下，适度开放，形成保军为主、兼顾民用的格局，用好用活各种公用设施。

研究所鸟瞰图及总平面图如图 9-1～图 9-3 所示。

二、总体规划设计

1. 规划设计理念

①将基地建设成科研、研发、生产、特色经营协调发展的国家级研究所。

②规划设计以轴线贯穿基地，中间赋以不同主题空间，充分体现地域文化和本土特色。

③注重人性化的空间设计，充分利用各种自然元素，营造适于工作、生活、休憩和交往的环境。

④注重各种功能用房的整合及标准化、模数化设计，加强规划建设的整体性，实现所区分期建设和可持续发展的目标。

2. 空间构图

由于基地的形状呈南北较长、东西较窄的不规则的形状，在平面布局中首先设计了南北的一条主轴线，在基地的中部转折区域形成办公大楼前的主广场，轴线向北分出两个轴线，一条为主轴线继续向北延伸，实验楼将办公楼与射击场间划分成两个绿地空间，另外一条形成之字形的游览廊道，成为特色经营区与所区的自然分界线。轴线上的两个绿地空间成为所区内部的庭院空间，特色经营区具有自然景观

图 9-1 鸟瞰图 1

图 9-2 鸟瞰图 2

图 9-3 总平面图

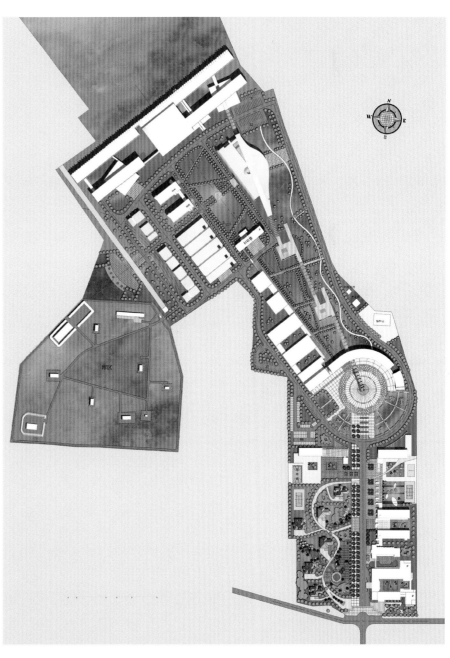

形态，开敞的场地可以用以经营室外娱乐射击。轴线的设计勾勒出场地形状的特征，展现出园区简洁、清晰、开放的空间意象。由于这样的空间构成，在充分满足了前述设计理念的复杂要求的同时对场地的特征做了积极的响应，体现了"大道至简"的设计思想。

3. 功能分区

主广场南侧为生活区，形成相对开放、对外联系便捷的区域；以办公楼为起点北部基地的东部为所区，游览廊道西侧为特色经营区，游览廊道将所区与经营区自然分隔，相对独立、便于管理；所区内部紧邻轴线部分为科研实验区部分，东侧为试制生产区；射击区位于最北端；三个功能区以中心广场为纽带，既相对独立，又联系紧密，形成有机的生活、科研和经营区。

4. 平面布局

①生活区采用了集中式的布置方式，东侧由南向北依次为北方长城宾馆康乐宫、兵器技术交流中心、单身公寓及服务中心。由于基地仅有南侧一个入口对外联系，生活区在临近入口布置可以最大程度地方便对外接待联系并减少对所区的干扰。方案中将交流中心设计为高层，尽量减少占地，留出更多的绿地空间。西侧布置了六栋专家公寓以及武警宿舍和职工食堂。别墅错落布置增强其各自的私密性，食堂的主入口设置在北侧形成一个小广场，可以减少对主广场的景观影响。

②所区布置以环保主广场的办公楼为起点，还规划了综合实验楼、试制工房、实验中心、实验楼、热表处理工房、金材库，此外还预留了实验大楼。所区内的科研实验楼或面向广场或面向集中绿地，营造了优美的办公环境，通过其中的步行系统可以方便地联系。

③特色经营区同样采用集中布置的方式，射击场是主要的建筑，集合了射击俱乐部、军民用枪射击、飞碟射击等诸多功能，大面积的场地也为将来发展更多的经营项目提供了场地支持。

博物馆位于所区和经营区的结合部位，对外可以举办展览、展示、教育等，同时在所区内部也可方便地举办保密部分的科研、展示。

规划中由中心广场起规划了一条游览步行景观廊道，在廊道中可以布置图片介绍、主题展示等，丰富特色经营的内容，同时也为宾馆的客人提供一个环境优美的活动场所。

5. 道路交通规划及交通组织

（1）出入口设置

基地内对外只有南侧的入口，进入基地内部在中心广场处办公与旅游进行分流，沿西侧进入开放的经营区，东侧进入所区。

（2）车行道路系统规划

基地内的北侧区域车行道路布置成一个环线，由南侧主路与外部相连，所区内部东西向的为次干道联系各个建筑物。环形道在博物馆沿线设置大门将所区与经营区进行分隔管理。

（3）步行道路设计

沿入口干道西侧树阵下设置木栈道，延伸至中心广场，通过游览步行廊道可以直达射击场，廊道以"故事盒"的方式展开。围绕节点组织功能性、休憩性、观赏性的内容，形成游客驻足空间。空间的不确定性提供了偶遇的可能性，廊道通过气氛的不断渲染在博物馆处达到第一个空间高潮。所区内主轴线上也规划了步行道通达所内各建筑物，步行道是员工们业余时间休憩、交流和观景的主要路径，增加了基地内的生活情趣。

（4）停车场设计

基地内规划了三个集中的停车场，一个为办公楼附近，服务对象为办公人流，北方设计场前的停车场为旅游的发展提供了便利的停车条件，宾馆的停车场设在宾馆附近与绿地相结合处，为临时停车场。

6. 绿化系统规划及景观设计

当今的数字化时代，信息共享的程度越来越高，世界变得越来越开放。我们努力创造了一个鼓励人与人交流、人与自然交流、基地同城市交流的充满渗透和融合的流动空间。

在绿化系统规划中，各个分区中绿化与建筑相融合形成不同的绿化空间，入口引道西侧规则的树阵将专家公寓很好地隐藏起来，规则的树阵与南北轴线结合起着很好的导向作用，并延伸至主广场，主轴线上所区内部的两个庭院绿化相互衔接，丰富了线性空间，为研究所提供了多样的绿化环境。

基地分析图如图 9-4、图 9-5 所示，科研办公楼透视如图 9-6 所示，夜景局部效果如图 9-7 所示。

功能分析图　　　　　规划结构分析图

　　　　　生活服务轴
　　　　　生态景观轴
　　　　　公共交流中心
　　　　　文化展示中心
　　　　　特色经营廊道

图 9-4 分析图 1

图 9-5 分析图 2

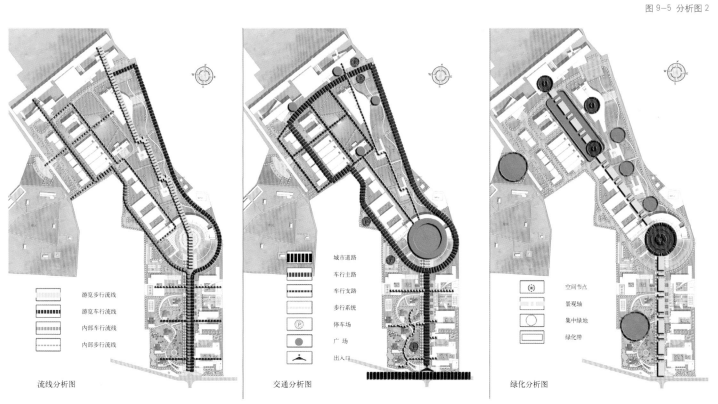

流线分析图

　　　　　游览步行流线
　　　　　游览车行流线
　　　　　内部车行流线
　　　　　内部步行流线

交通分析图

　　　　　城市道路
　　　　　车行主路
　　　　　车行支路
　　　　　步行系统
　Ⓟ　　停车场
　●　　广场
　　　　　出入口

绿化分析图

　　　　　空间节点
　　　　　景观轴
　　　　　集中绿地
　　　　　绿化带

图 9-6 科研办公楼透视

图 9-7 夜景局部效果

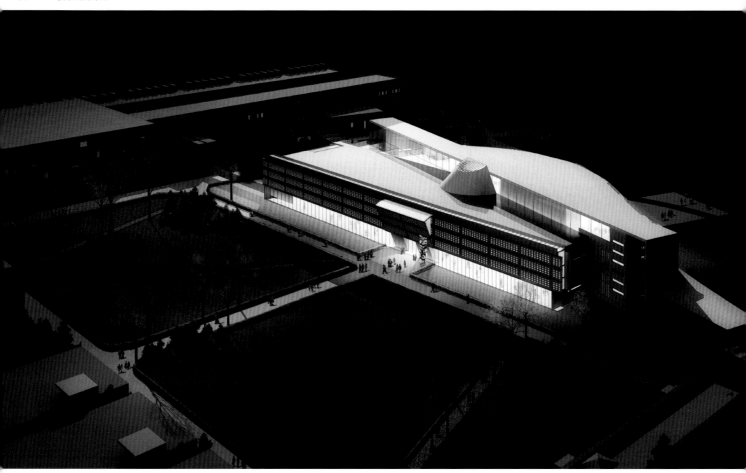

第 **10** 章

中国兵器工业华东光电器件集成研究所苏州研发中心规划设计

一、规划设计理念

①体现高科技产业研发基地的生产组织和管理模式。

②努力营造"高效的、有活力的"园区氛围。

③吸取苏州园林的精华，融合苏州科技城"科技、人文、山水"的建设理念，营造清新宜人的室内、室外环境。

④模数化设计，注重规划设计和建筑设计的内在逻辑性。

⑤力求资源的有效利用和共享，注重环保和节能。

园区鸟瞰图及总平面图如图10-1～图10-3所示。

二、总平面设计

1. 空间构图

任何建筑都不能脱离其环境而存在，与环境最大的和谐是对城市的充分理解与尊重。本项目规划用地呈不规则形状，该地块周边现有建筑的共同特点是顺应山势呈自然角度布置，因此我们也选择了这种布局方式——严谨而和谐、洒脱而自然。通过对园区的使用功能和固有形态及其周边环境的深入细致分析，我们于园区北侧的视觉焦点——龙山和园区南侧的广场之间的连线上设置了一系列景观节点，

并由此分别向东西两个方向展开，形成了两个基本分区，即——科技研发区和生产试验区，因借园区北侧的培源路与园区南侧的龙山路之间自然的道路形态，衍生出园区南部的"礼仪广场"与园区北部的"景观广场"。由此，用地范围内基本的建筑布局形成以两个"L"形建筑形态相互咬合的构成方式，充分展示了规划设计中内在的逻辑性。

2. 功能分区

园区建筑规模较小且功能相对简单，从城市设计的角度出发，将具有相同或相近功能的建筑单体整合，以整体的形式表达，将有利于提升园区形象。从使用功能上，我们将园区设计为两个分区：科技研发区（含科研综合楼及二期的研发楼），生产试验区（含净化工房、试验工房及辅助用房），两分区内部既可相对独立又可彼此联系。

3. 平面布局

①科技研发区布置在园区西侧，主要用于进行研发设计、科研管理、图书资料管理，并可与多所高校联合进行科研创新；生产试验区布置在园区东侧，主要用于将研制的产品进行加工生产和试验及供应

图 10-1 鸟瞰图 1

园区的动力。规划中将洁净工房布置在园区南面，将噪声大的试验及动力部分布置在北面，也便于从园区的东侧引入动力线路；科技研发区中的科研综合楼既要对内部进行科研管理，又要对外进行联系，将其布置在科技研发区与生产试验区之间，可与二者取得便捷的联系，又可成为面临景观大道龙山路的标志性建筑。

②生产试验区由产品试验及动力配套站房组成一个建筑单体与净化工房组合在一起，它们之间因地形而自然形成的角度创造出一个富有趣味同时也极具功能性的空间，在这里由两层高的生产辅助用房和入口大厅组成，通过这个枢纽将净化工房与产品试验及动力配套站房联系起来，使生产试验区的人流、物流"合理化、高效化"。

③科技研发区由科研办公楼与二期建设的四栋独立式的研发楼组成，它们通过功能性连廊联系在一起，并借由科研办公楼与研发楼之间的共享大厅与园区北部的景观广场形成了景观轴。

生产试验区中部的连接体与科研办公区的共享大厅同时分享场地中心区的绿色景观，极大地改善了在园区内工作的员工的工作环境，体现了"以人为本"的设计理念。

4. 道路交通规划及交通组织

（1）出入口设置

园区内共设置了两个出入口。主出入口，也就是礼仪性的出入口设置在园区南侧的龙山路上，这样既满足了城市景观的要求，也符合人流和车流的便利性的要求。次入口设置在北侧的培源路上，是园区内主要的物流和部分人流的出入口。

（2）车行道路系统规划

本着尊重地形和各功能区车辆可通达的原则，将车形道及停车位沿场地周边布置，车行道宽为6米，可满足园区内物流与车流的交汇，并分别在龙山路、培源路开口与城市道路取得联系。

（3）步行道路设计

在建筑组团内部绿色庭院内沿建筑设置步行系统，既满足人员的通行交往，又满足消防需要，力求营造出亲切宜人的空间氛围。

5. 绿化系统规划及景观设计

（1）绿化系统

本着"以人为本"的设计理念，我们强调的是绿化系统具有的

图 10-2 鸟瞰图 2

人的"参与性"。本次设计中，我们放弃了将绿地大面积集中布置的做法，而是将绿地相对分散到场地及建筑的每一个角落，在其中穿插了铺石小径等元素，形成了多层次的绿化体系，既体现了绿化设计的灵活性、实用性和人的参与性，同时也强化了场地内各种空间要素的内在逻辑性。

（2）环境设计与入口序列空间设计

园区南侧有净化工房和科研综合楼共同围合而成的入口广场空间，由科研综合楼具有导向性的入口导引墙可自然地进入到科研办公区的共享大厅，透过玻璃幕墙，大面积的水面和绿化映入眼帘，共享大厅与园区北侧的瞭望塔形成对景，由共享大厅穿过水面进入到场地的中心庭院视觉顿然开朗，成组布置的研发楼和生产试验区工房展现在眼前。不远处的龙山作为空间的背景，使得整个园区掩映在一片郁郁葱葱的景象中，一派理性与浪漫交织的景象。

（3）沿街城市景观设计

南侧礼仪广场由科研综合楼和净化工房围合而成，在沿龙山路的方向上形成了完整、连续、鲜明的景观立面。北侧景观广场由试验

工房及景观瞭望塔共同围合而成，沿培源路形成了较为完整的街景立面，随着二期的建设，北侧沿街景观将成熟均衡，与周围优美的自然环境完美地融合。

6.分期实施及持续发展

①一期建设内容包括：科研综合楼、净化工房、试验工房（由试验站和动力配套站房组成）以及辅助用房等。一期建设完成后，园区内基本形成了比较完善的功能体系。科研综合楼和净化工房体量的围合与穿插，可在主要的景观路——龙山路上形成完整的街景立面，同时，园区内部景观也基本形成。

②二期将按着园区内的总体规划布局继续完善科技研发区的功能，使之能更加灵活地适应未来微电子产业的发展要求，为园区的持续发展奠定了基础。二期的建设不会对一期的科研和生产造成影响。待二期建成后，不仅有相对独立的出入口，又与一期建筑有便捷的联系。

基地分析图如图10-4～图10-7所示。

图10-3 总平面图

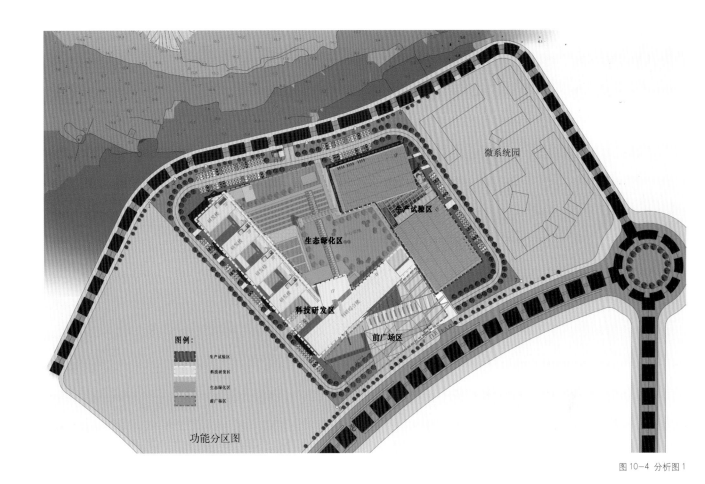

图 10-4 分析图 1

图 10-5 分析图 2

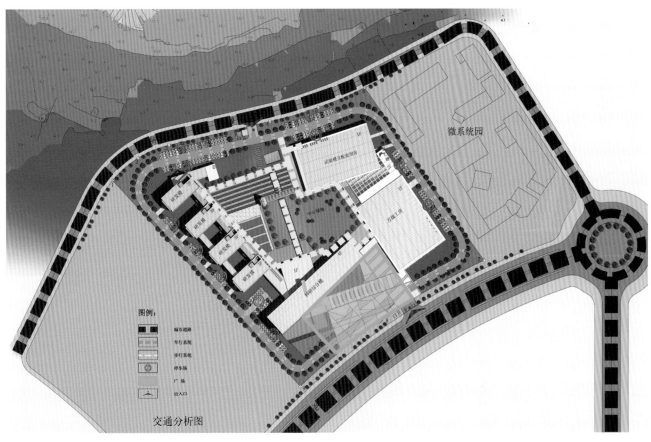

图10-6 分析图3

图10-7 分析图4

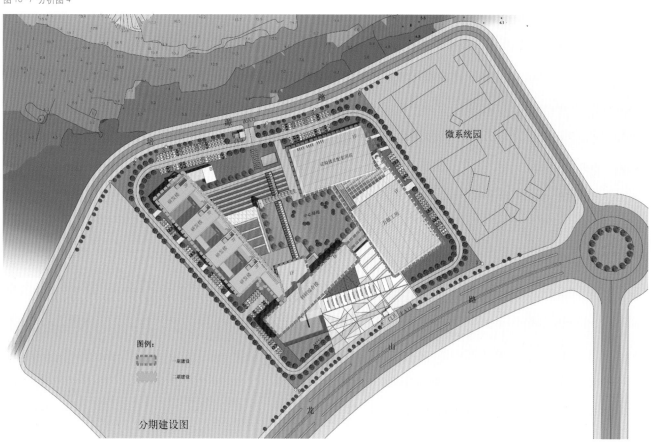

第 *11* 章

江苏北方电子有限公司雷达产品生产基地规划设计

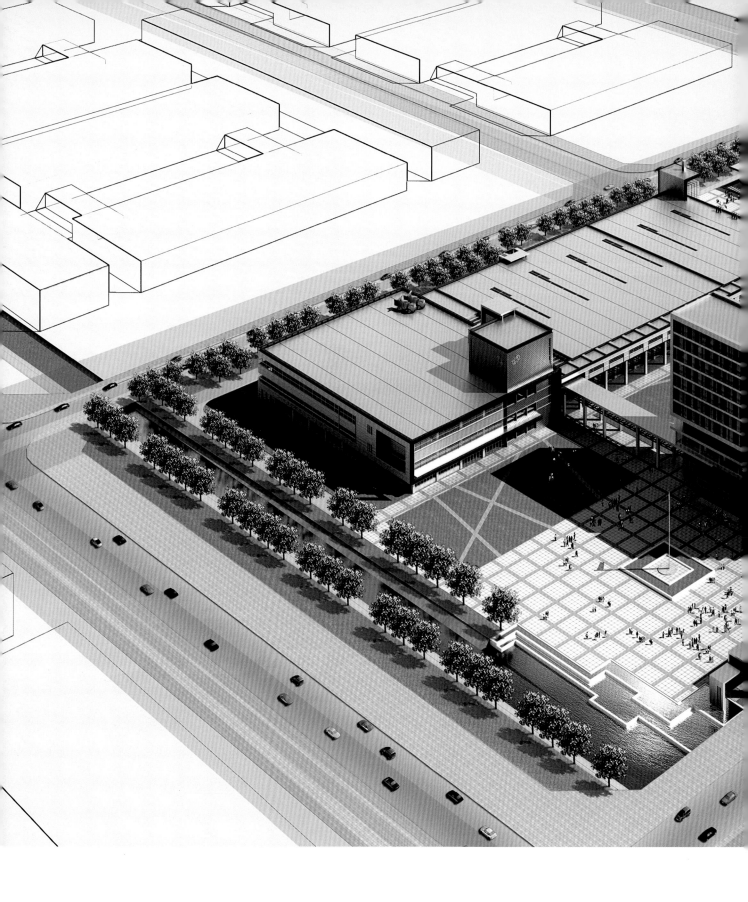

图 11-1 鸟瞰图 1

图 11-2 鸟瞰图 2

一、设计原则

实现高效的工艺流程：体现高科技产业的生产组织和管理模式；组织快捷高效的人流、物流系统，使生产工艺和谐统一。

实现现代化、可持续发展的设计理念：建筑物外观具有时代感，气势恢弘；内部注重厂房的标准化、模数化，总体布局和建筑模数充分考虑了节能、环保和可持续发展的理念。加强一、二期规划建设的高效衔接，实现园区分期建设和可持续发展的目标，并保持一期工程的完整性。

创造和谐宜人的环境：考虑到风、阳光、水体等因素，规划整合水系、绿地等自然元素，营造宜人的室内、室外环境。

基地鸟瞰图及总平面图如图 11-1～图 11-3 所示。

二、规划

1. 构建开放的空间形象和集中的建筑布局

平面布局中，综合考虑风、水和阳光等自然因素以及生产工艺流程的要求，将两个大体量工业厂房以矩形体块布置在场地西侧和北侧，共同构成一个"L"形，围合出一个朝向优越的东南向场地。科研办公大楼以一个方形体块布置在该场地的核心，使整个空间构图协调均衡。

精密加工厂房、总装测试厂房及其周围运输道路共同构成了"L"形的生产区，位于场地西侧和北侧，该区迎向市区方向，有利于物流运输。

科研办公大楼及其南北广场、停车场共同构成了科研办公区，位于场地东南区域，该区靠近河道，环境优美，场地东侧后鸿路为城市主干道，科研办公大楼将成为该地段的主要景观。

两个功能区之间嵌入一条带状绿地，使空间有机联系，又相对独立，便于管理，使建筑群体完美和谐。

2. 营造积极高效、通达便捷的物流和人流交通系统

基地内共设有东西两个出入口。东口是园区礼仪性出入口，是主要人流和办公性车流的出入口。东出入口位置的选择兼顾了南入口的可能性，远期南侧城市规划道路开通后，可从南入口进入广场。

西入口布置在场地西侧新鸿路上，位于精密加工厂房和总装测试厂房之间，是基地内主要的物流和部分人流的出入口。设计中整个基地外围沿围墙内侧形成一个环形车行道，精密加工厂房和总装测试厂房的南北连廊可作为厂房间的部件通道。物流经西入口

进入厂区后，在精密加工厂房、南北连廊和总装测试厂房之间形成了一个便捷的流线，成品最终从生产预留厂房经西入口出厂。主要人流和办公性车流经东入口进入厂区，经广场步道和连廊方便地进入科研办公大楼和厂房，最大限度地避免了与生产性物流的交叉干扰。

基地内共规划了 150 个机动车停车位，其中科研办公大楼北侧 120 个，精密加工厂房和总装测试厂房西侧沿车行道布置了 30 个大型停车位。

3. 塑造优美的环境和良好的城市景观

首先将工业生产区与科研办公区之间的带状绿地作为核心绿地，并使这条绿带贯穿基地南北，以其强烈的线性特征，将基地内优美的景观与城市环境融为一体。

主入口广场布置在场地东南区域，作为礼仪性广场。总装测试厂房屋顶上的雷达测试设备，是最能代表企业性质的标志物，成为广场的对景。广场南侧河道由广场东南角层层叠落的下沉平台，拉近了人与水体之间的距离，为广场增添了活力。

科研办公大楼与总装测试厂房之间的东西向柱廊，强化了场地的纵向特征，增加了空间序列的层次，并在场地中部围合成私密的内部空间，这里空间完整、环境优美，为员工的休息、交流提供了一个良好的环境。

西侧精密加工厂房和总装测试厂房之间围合成一个环境优美的西入口广场，远期该广场尺度将更怡人。

在绿化系统规划中，首先将工业生产区与科研办公区之间的带状绿地作为核心绿地空间，并使这条绿带贯穿基地南北，以其强烈的线性空间特征，将基地内优美景观与城市环境融为一体，体现出现代工业园区开放的空间特色。

4. 实现分期建设和可持续发展的目标

近期工程完工后，三栋建筑物所组成的建筑群体，已形成一个完整的建筑形态，空间协调，环境优美。

远期生产预留厂房建成后将使建筑的整体形象以及内部空间更加完善。生产预留厂房的位置符合生产工艺流程的要求。

近期和远期建设较好的衔接，模数式和弹性化的建筑布局，使得项目的可持续发展成为可能。

科研楼透视如图 11-4 所示，内部透视如图 11-5 所示。

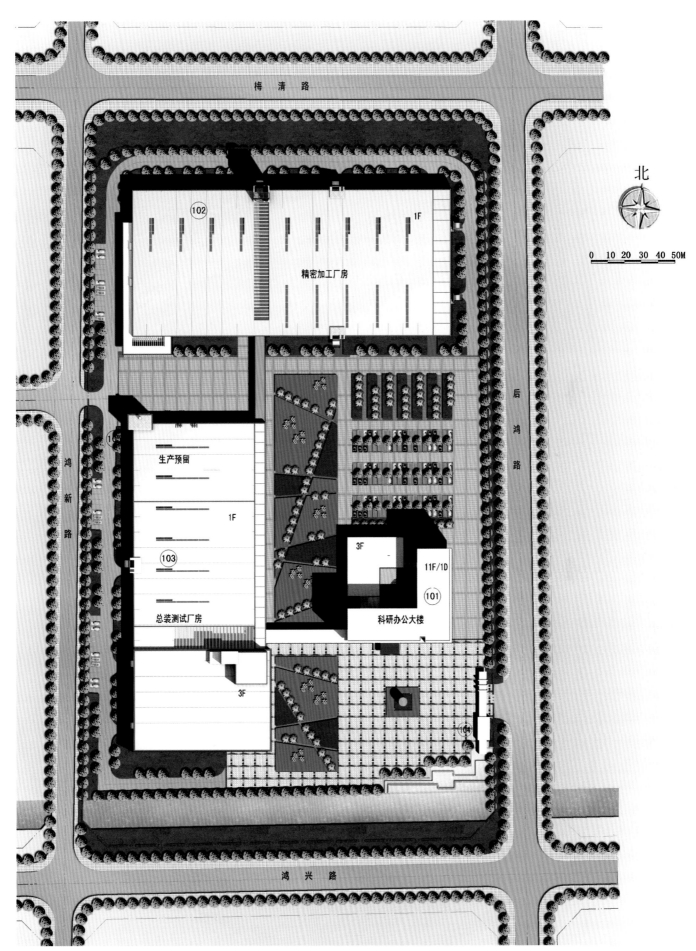

图 11-3 总平面图

图 11-4 科研楼透视

图 11-5 内部透视

第 *12* 章

中国兵器工业焦作光电产业园规划设计

一、项目概况

本项目位于河南省焦作市高新技术产业开发区内，西临山阳路，北邻神州路，规划占地面积 600 亩。产业园鸟瞰图及总平面图如图 12-1 ~ 12-3 所示。

二、规划布局

1. 场地分析

本项目用地东西长 950 米，南北宽 330 米，呈东西向长、南北向短的长条状地块，长宽比接近 3：1。用地北侧、西侧、东侧紧临城市干道，区域核心位于其西北向。

2. 功能布局

综合上述条件，我们将场地分为生产及配套区、办公研发区、生活区三个主要部分。

①生产及配套区：布置在场地中部及东部，根据工艺流程的合理化与集中化、厂房对环境的要求与影响、厂房群体形象的塑造、厂房建设的时序性，将各种类别的厂房分别集中布置，并以道路、绿带相隔，相对独立，互不干扰，又有一定的联系。机加类钢结构厂房，具有对环境要求低、物流量大、体量大的特点，靠近场地北侧神州路布置体现出大工业的气质；轻合金部分、化学品库、平光铝业、热表处理等产生污染的工房根据常年风向分析，布置在场地东南角，对园

图 12-1 鸟瞰图 1

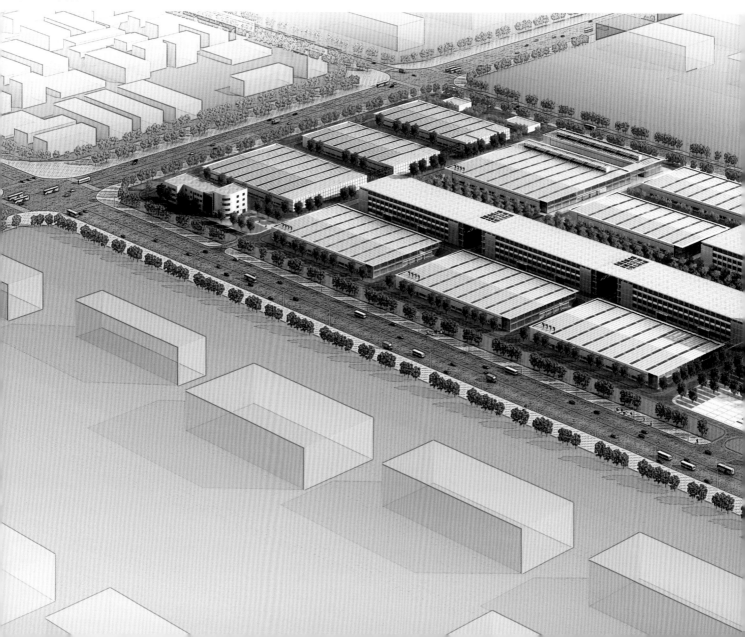

区的影响减为最小；将对环境要求高的光学类厂房及其配套部分布置在场地中部，环境最好的地带。为生产配套的设施根据需要布置在生产区内部，除了必须要独立设置的生产配套设施，其他的与生产工房合建。

②办公研发区：布置在场地西北侧，并使主要出入口及礼仪广场设置在朝向城市的方向，使接近本基地的人流在第一时间就能对基地产生鲜明的印象。办公研发区由综合办公楼、光电工程研发中心组成。

③生活区：布置在场地西南侧，临城市道路，由倒班宿舍、军事代表办事处、职工餐厅组成。

3. 规划结构

两轴两场，三区一水，一原点多核心。

三、设计构思

1. 设计理念

将场地条件和工艺对规划设计的限制转化为创新的推动力。

国际性：站在集团公司以及全球兵器工业发展的高度，考虑园区的定位。

民族性：尊重历史，尊重本土文化，注重民族性。

以人为本：从总体布局、绿化系统、工艺流程及环境保护及可持

图 12-2 鸟瞰图 2

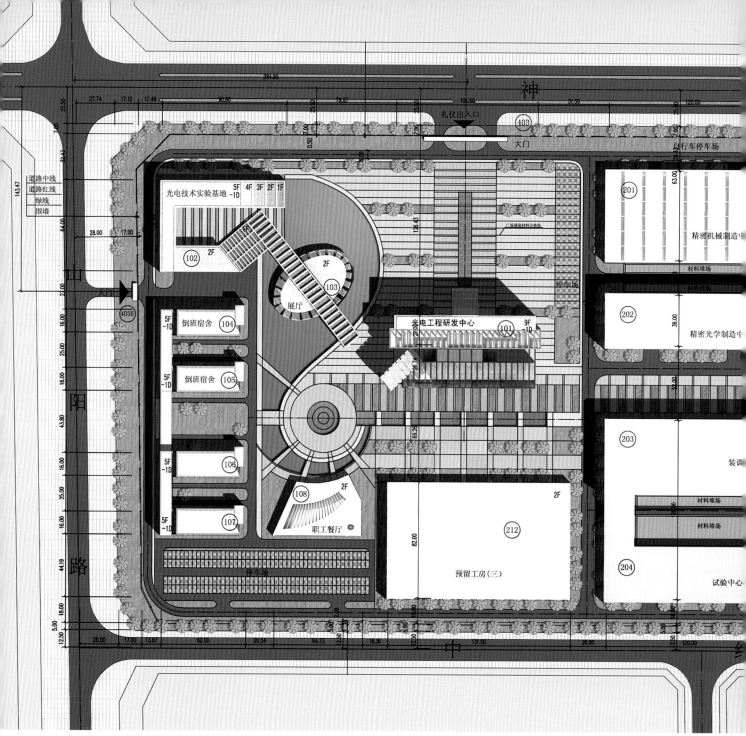

图 12-3 总平面图

续发展等方面遵循以人为本的设计理念。

一点、两线、三层次的设计构思：一点是指设计的核心点；两线是指两条发展轴线；三层次是指三个主要空间层次。

2. 群体设计

①办公研发区中心为基地内最高建筑，是基地外在形象和内在品质的焦点，是园区整体形象的代言，所以以此作为设计的核心原点。

②由此核心原点向西北方向发展一条指向城市方向的轴线，此轴线穿过会议展览中心最终到达培训中心，此轴线定位为园区对外形象轴线；向东侧水平方向发展出另一条东西向轴线，在此轴线两侧布置生产区的核心产品工房，在轴线的尽端布置民品机加工房及相关工房，沿此轴线由西至东布置的建筑物高度是依次降低的，由此，基地整体的外部形式为中心高，周边低的态势，形成了鲜明的天际线变化，而且折射出积极、开放的企业文化。

这两条核心轴线既是厂区主要建筑物的布局轴线，同时也是厂区主要水景及绿化系统的核心轴线，此两条轴线共同构成基地的核心轴线。

　　沿由光电工程研发中心为核心原点指向城市方向的轴线布置的主要景观水体，水体由礼仪广场出发，沿一条"S"形路径穿越会议中心到达生活区，路径的终点设置点状水体，并由此为核心向生活区周边建筑发散通行小径，结合近水平台及绿化，创造出富有变化与韵律的室外环境，整体景观布局暗合了"太极图"的意向，使生活区的舒适性与趣味性得到了提升，并使办公区与生活区的环境品质得到极大的提升。

　　沿由光电工程研发中心为原点指向东侧的横向轴线定位为园区内

部景观轴线，轴线上布置了厂区核心景观绿带，在绿带内布置不同高度及不同种类的植物，并设置了可供人员进入并可以短暂停留休憩的设施，形成尺度适宜的绿化小环境，在有限的空间里创造出可以充分利用及享受的环境。

　　③本着以人为本的设计理念，本方案在外部空间尺度的处理上采取了多种空间层次、多种类型的空间设计手法，以适应不同功能空间对不同使用功能的需要。

　　主要分为三个空间层次。

第一个空间层次是位于礼仪入口的办公楼前广场，以大尺度的广场空间设计手法烘托出符合礼仪性广场本身的性格特质。大到广场的水体景观，小到地面铺装的分割形式，无不遵循这一设计理念，从而获得了非常得体的空间环境印象。

第二个空间层次是位于生产区与办公区相连的东西向核心景观绿带，它的尺度介于第一个空间层次与第三个空间层次之间，属于一种过渡空间，与之性质相同的是由办公区与生活区共同围合而成的生活区中心景园绿地，他们共同的特征是指向性明确，与其他空间起着承前启后的作用，通过绿化、水体、地面铺装的分割与变化，强化了作为过渡性空间层次的特质。

第三个空间层次是位于过渡性空间的末端，也就是单体建筑物所属的或围合的小范围空间环境，例如由各个工房所围合的小型内院空间、光电工程研发中心与其南侧的建筑围合的空间、生活区单体建筑围合的内庭院，都属于这个空间层次。

这三个空间层次特征不同，所属类型不同，所以采取了不同的设计手法与策略，针对不同的空间类型采用恰当的设计语言，从而达到了建筑单体与外部环境、建筑群体与基地外部空间的有机联系，丰富了使用者的心理感受。

图 12—4 科研办公楼透视 1

四、交通组织

1. 外部交通

基地内共设置了三个外部出入口，其中办公生活区设置了两个出入口，分别是位于办公区北部的礼仪出入口，位于生活区西侧的培训中心出入口和生活出入口。产品生产区设置了一个对外出入口，位于生产区北侧偏东。

2. 内部交通

基地内设置了便利的网络交通体系。生产区设置了由东西向轴线方向及沿基地外围设置的主要道路，它们共同组成了主要交通网络，次要交通网络分别由主要交通网络中派生出来，他们主要分布在厂房之间，为临近厂房的交通联系提供支持。

办公区的内部交通由礼仪广场向南，经由光电工程研发中心内庭院可方便地到达南广场，同时也可以便捷地通向生产区及生活区。

生活区内部交通以生活区内花园为中心节点，来联系各个建筑组团的道路，形成了主次分明、逻辑清晰的网络结构。

基地科研办公楼透视如图 12-4、图 12-5 所示，局部透视如图 12-6、图 12-7 所示。

图 12-5 科研办公楼透视 2

图 12-6 局部透视 1

121

图 12-7 局部透视 2

第 *13* 章

中国北方发动机研究所规划设计

一、项目概况

项目拟选地块位于天津市北辰区大张庄综合改革试验区，规划用地性质为一类工业用地。该地块西临京津塘高速公路，北临国道112高速（规划的高速，目前在建），东临园区主干路七（未建成），南临园区主干路二（未建成）。拟选地块所在规划区地处京津发展轴，与中心城区唇齿相依，临近高速公路、铁路、航空港及海港。距天津市中心城区的核心区仅25公里，紧邻京津塘高速公路，距天津机场22公里，距天津港56公里，距首都机场100公里，是京津发展轴上的重要节点，交通十分便利，具有优越的地理位置和区位优势。

拟选地块呈矩形，南北长598米，东西宽446米，用地面积约400亩。研究所鸟瞰图及总平面图如图13-1、图13-2所示。

二、方案构思

①塑造现代化、高科技的国际化企业形象。通过强化科研、试验性建筑的特点，体现科研院所的文化品位和创新精神。

②强调与城市的和谐互动。简洁有序的沿街试验建筑及厂房、礼仪性的广场、雄伟壮观的科研大楼及沿地界的绿化带，向城市表达着和谐共生、理解与尊重。

③合理布局、统一规划。各功能区相对独立又统一协调，内、外空间完整，建筑体量均衡。

④集中布局，节约用地。为体现可持续发展的原则，为二期建设预留发展空间。

⑤崇尚自然，关注生态。总体布局中，在中心区域规划了矩形绿地，塑造良好的生态环境，建设人与自然、科研与产业和谐统一的高新科技园区。

三、总平面布置

规划将用地按功能划分为科研区、试验区、军民结合产业区、国际技术交流培训中心及能源保障中心五部分。

由于规划用地南临园区主干道（主干路二），因此在规划中将兵

图13-1　鸟瞰图

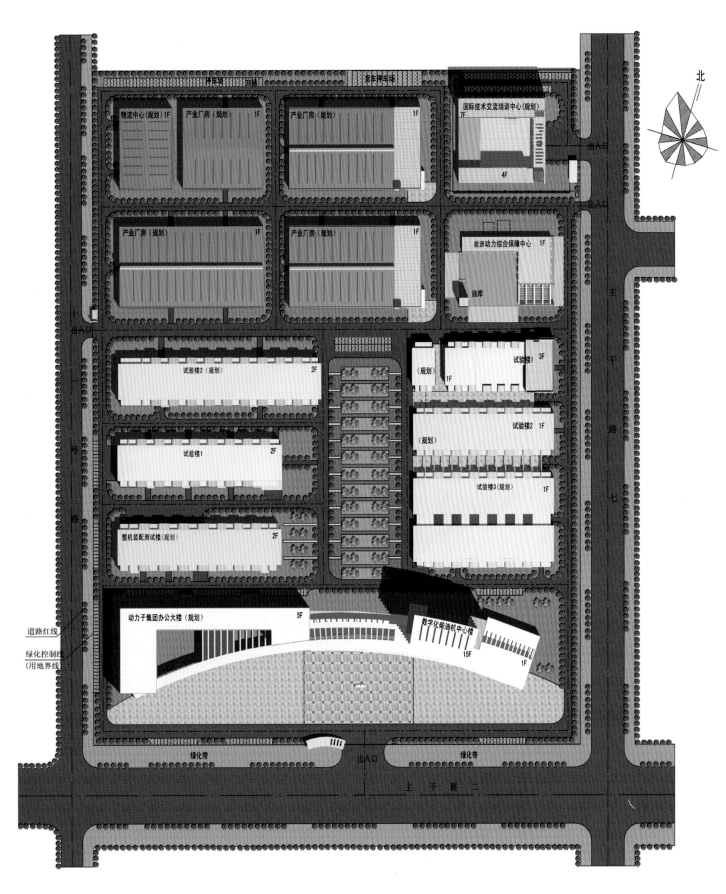

北

物流中心（规划）1F　产业厂房（规划）　1F　产业厂房（规划）　1F　国际技术交流培训中心（规划）7F

4F

出入口

出入口

产业厂房（规划）　1F　产业厂房（规划）　1F　能源动力综合保障中心 1F

油库

出入口

试验楼2（规划）　2F　（规划）1F　试验楼1 3F

试验楼2 1F（规划）

试验楼1　2F

试验楼3（规划）　1F

整机装配测试楼（规划）　2F

道路红线

绿化控制线
（用地界线）

动力子集团办公大楼（规划）　5F　数字化柴油机中心楼 15F 1F

绿化带　出入口　绿化带

主 干 路 二

图 13-2 总平面图

125

器动力工程技术中心（研究院）最具标志性的科研区布置于场地南部，由数字化柴油机中心楼与规划预留的动力子集团管理办公大楼共同围合成一个与城市互动的、开放的礼仪性广场，作为兵器动力工程技术中心（研究院）对外展示形象的重要平台；大会议室（600人）布置在数字化柴油机中心楼东部端头，与场地东南角的方形绿地共融共生。

试验区布置于场地的中部，将噪声较大的柴油机试验楼布置在场地西侧，试验楼间距30米独立布置；而将噪声较小的柴油机试验楼布置在东侧临园区主干路七，试验楼间距15米。

产业区布置于场地的北部；国际技术交流培训中心布置在场地东北角。能源动力综合保障中心则布置在场地中部距各使用建筑较便捷的部位。

四、道路交通

1. 兵器动力工程技术中心（研究院）出入口设置

沿园区主干路二形成的南向礼仪性入口作为兵器动力工程技术中心（研究院）最主要的人流出入口。沿东侧园区主干路七设置两个出入口，一个作为物流出入口，一个作为国际技术交流培训中心的独立出入口。沿西侧园区十一号路再设置一个物流出入口。

2. 道路系统

沿兵器动力工程技术中心（研究院）四周设置环形道路，主要作为物流及消防通道，可以便捷地到达各个试验室及厂房；兵器动力工程技术中心（研究院）内部庭院作为人员休憩及交流空间，做到人车分流，体现以人为本的理念。

图 13-3 研发中心透视

五、绿化系统及空间景观

1.绿化系统规划

规划结合用地布局及建筑布局，形成集中与分散相结合，点、线、面相结合的绿地系统。集中绿化主要布置在试验区的中部和场地的东南部，以精致的环境设计手法，营造和谐优美的休闲空间及城市的空间节点。线状绿化就是沿道路两侧布置的绿化。在科研区和试验区之间也布置了较宽的绿化隔离带，减少试验对科研的干扰。

2.景观设计

兵器动力工程技术中心（研究院）的景观设计采用以环境衬托建筑的手法，通过优美的绿化设计来衬托建筑的美，绿化采用中西结合的设计手法。建筑物围合的空间内部采用西方园林设计手法，呈几何状布局，以植草和种花为主，大面积的草坪和花坛衬托出建筑物的体量和立面；建筑外围采用中国园林自由式设计手法，以种植小乔木为主，辅以高大乔木和灌木，使建筑掩映在绿树之中。

道路景观主要通过道路两侧的绿化和建筑立面来体现，道路绿化主要以种植行道树为主，采取不同品种的树种间植的方法，以丰富试验区内的交通空间，增加生动性。建筑物周围绿化以植灌木和花卉为主，植草为辅，采取有规律种植或自由式种植的手法。

六、分期建设

规划按照早建设、早树形象的原则，将一期建筑尽可能沿主要干道布置，二期建设用地尽量集中预留在场地中部或次要部位，待建期内可绿化使用。

研发中心透视如图13-3所示，试验厂房透视如图13-4所示，科研办公楼如图13-5、图13-6所示。

图 13-4 试验厂房透视

图 13-5 科研办公楼（方案一）

图 13-6 科研办公楼（方案二）

第 **14** 章

建设工业集团重庆建设机械厂规划设计

图 14-1 鸟瞰图

图 14-2 综合楼透视

一、项目概况

  建设工业集团重庆建设机械厂迁建项目，厂区主要分为军品与民品两个部分，民品区主要有摩托车研发设计中心、摩托车研发测试中心、摩托车研发试制中心、计量理化中心、铸造工房、摩托车制造联合厂房、餐厅、铸造工房等单体；军品区主要有军研所、机加及工具联合厂房、零部件库房、总装联合厂房、锻造及金材下料联合厂房、热表处理联合厂房等单体。总建筑面积为 240372 平方米，其中摩托车制造联合厂房是规模最大的建筑单体。厂区鸟瞰图如图 14-1 所示。

二、设计理念

  规划及建筑设计突破单纯的房屋概念，运用先进的设计理念，满足功能要求，实现与企业文化、环境艺术的有机结合，为企业创造一笔无形资产。

  工业建筑以 "适用、经济、安全、卫生、环保、生态"为设计宗旨，结合当地的人文自然条件及场地的自然环境，根据各建筑单体的使用要求和空间特点，合理确定建筑的结构形式及使用材料，满足消防安全及生产安全的各种不同要求，强化建筑空间的自然通风、自然采光等节能措施，追求自然视觉效果，构建舒适的建筑内部与外部环境，创造出与自然环境相协调的、有现代感、空间感、有丰富文化内涵的建筑单体及建筑群体。

  充分体现精益思想理念，满足 "一个流"的大量生产要求，适应企业持续发展的要求。

  利用地势优势与周边环境特有的条件，建设一栋生态的、现代的综合楼，使其成为地标性建筑，丰富园区景观效果，形成此地域的视觉中心。

  综合楼透视如图 14-2 所示。

第 15 章

某外贸项目——国家兵器技术研究院规划设计

一、项目概况

用地形状近似于平行四边形，西侧毗邻公路，用地东北部、西南部地势较高，东北部为山丘，其余较为平坦。

二、总体规划

1.方案一

（1）规划理念

①打造国家级兵器研究城，整体以总部大楼为核心建筑。总部大楼及周边广场共同构成气势宏大、庄重的核心岛。各研究所围绕总部大楼呈环状布局。

②考虑到布局与交通的便捷性，路网呈放射加环形布置。自总部大楼通向各研究所及试验场的道路呈放射状，研究所间以环路相通。

③以绿化空间多层次的塑造加强总体布局特点，形成富有特点和标志性的定向技术研究城。

④发展模式多样化，可放射发展，可环状发展。

（2）总体布局

总体布局分散、隐蔽，适当集中。

①总部大楼布置在地块西部的中央地带，正对人流出入口，居于

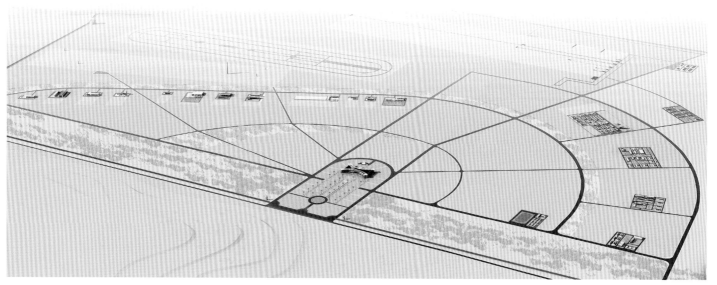

图15-1 总体鸟瞰图（方案一）

控制位置，路网围绕总部呈放射状布置，从总部大楼到各研究所路线最短。在总部大楼与各研究所间沿路设置了三层环状绿化带，更突出了总部的核心地位。

②研究所围绕西南部山丘分散布置，利用山体作为屏障，靠近试验场。

③试验场布置在地块的东南部边缘，利用东北部山丘作为屏障，减少对其他单位的影响；试车场布置在靶场的北部，靠近相关研究所布置。外场测试场（电子）布置于试车场北部，靠近相关研究所；三个试验场地之间依次旋转10度，与椭圆形道路完美地结合起来。

④性质相近、相关研究组团靠近，成组布置。

⑤考虑发展，各所可根据将来需求向周边进行发展建设。

（3）路网及出入口

①出入口设置　研究院设置三个出入口，北部出入口为一般物流出入口，中部为人流出入口，南部为危险品出入口，做到物流、人流、危险品流分开。

②道路布置　研究院道路总体呈环形加放射状布置，道路骨架为"双环加放射"路网，两条环形道路以总部大楼为中心呈椭圆形均匀布置在研究院内。放射形道路以总部大楼为放射点向研究院的不同方向分散布置，并与两条椭圆的环形路相交，各单位之间线路最短，联

图 15-2 综合楼鸟瞰图（方案一）

图 15-3 综合楼透视图（方案一）

系方便。将研究院分成若干组团。

　　③停车场布置　各研究所（中心）均布置了地面停车场，特别是在总部大楼前广场布置了较大的停车场，包括小车车位和大型客车车位。

　　（4）绿化及景观

　　由于该地区气候干旱，水资源缺乏，近期进行大面积的绿化不太现实，所以本规划以建筑区域和道路广场为重点进行绿化种植，特别是在总部大楼附近和各研究所建筑物周围进行树木种植，成片的树木可以作为建筑物的背景，改善局部小气候，还可对建筑物起到适当的隐蔽作用。应选择适合当地气候条件的树种和灌木进行种植。

　　方案一总体鸟瞰图如图15-1所示，综合楼鸟瞰图如图15-2所示，综合楼透视图如图15-3所示。

2.方案二

　　方案二的规划理念是：

　　①打造国家级兵器技术城的概念，以方格路网对各研究所组群的布局进行控制，以总部大楼为核心，各研究所环绕其布置。

　　②依据地形特点，将建筑区和试验区按功能咬合错位布置，这样在场地的西侧形成相对紧凑的"方城"，周边楔形地块为开阔的试验场和危险品研究区。

　　③规划留有发展余地，考虑安全防护，研究所总体分散，相对集中的布局有利于发展，随着组团建筑规模的扩大将形成"城中城"的概念。

　　方格网的道路布局，为今后道路和管网的持续发展提供了有序便捷的发展模式；近期可根据需要实施部分路段。

　　方案二的总体鸟瞰图如图15-4所示，综合楼透视图如图15-5所示，综合楼鸟瞰图如图15-6所示。

图15-4 总体鸟瞰图（方案二）

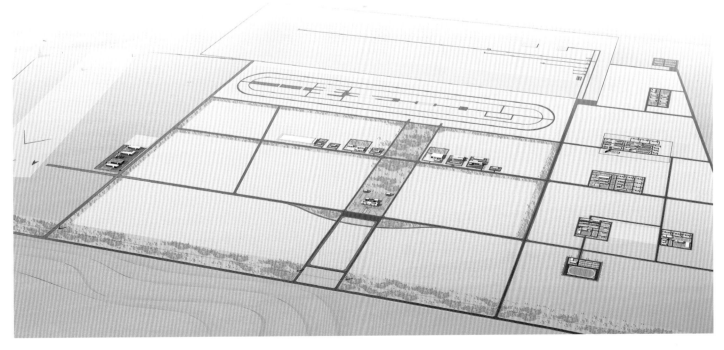

图 15-5 综合楼透视图（方案二）

图 15-6 综合楼鸟瞰图（方案二）